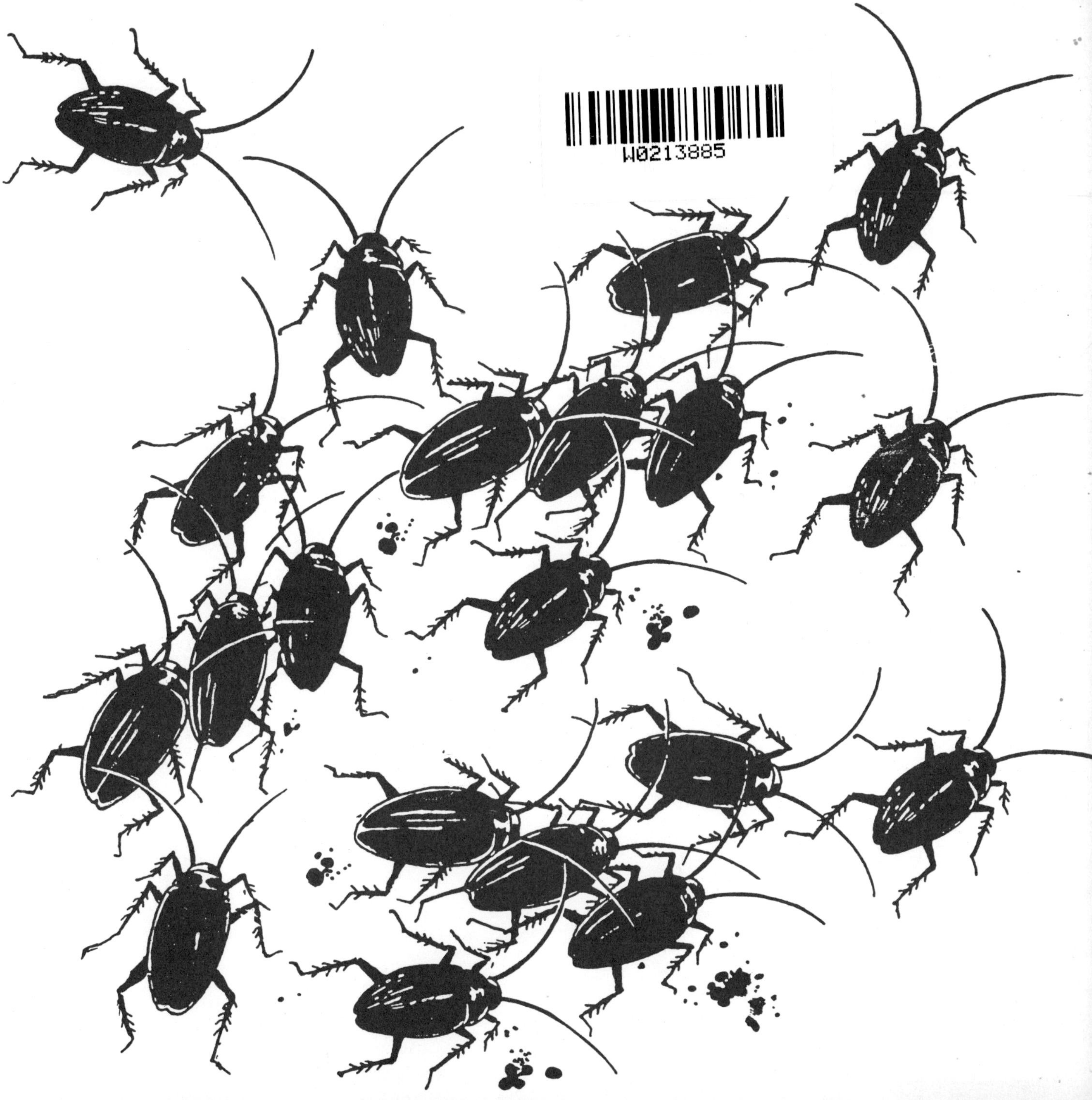

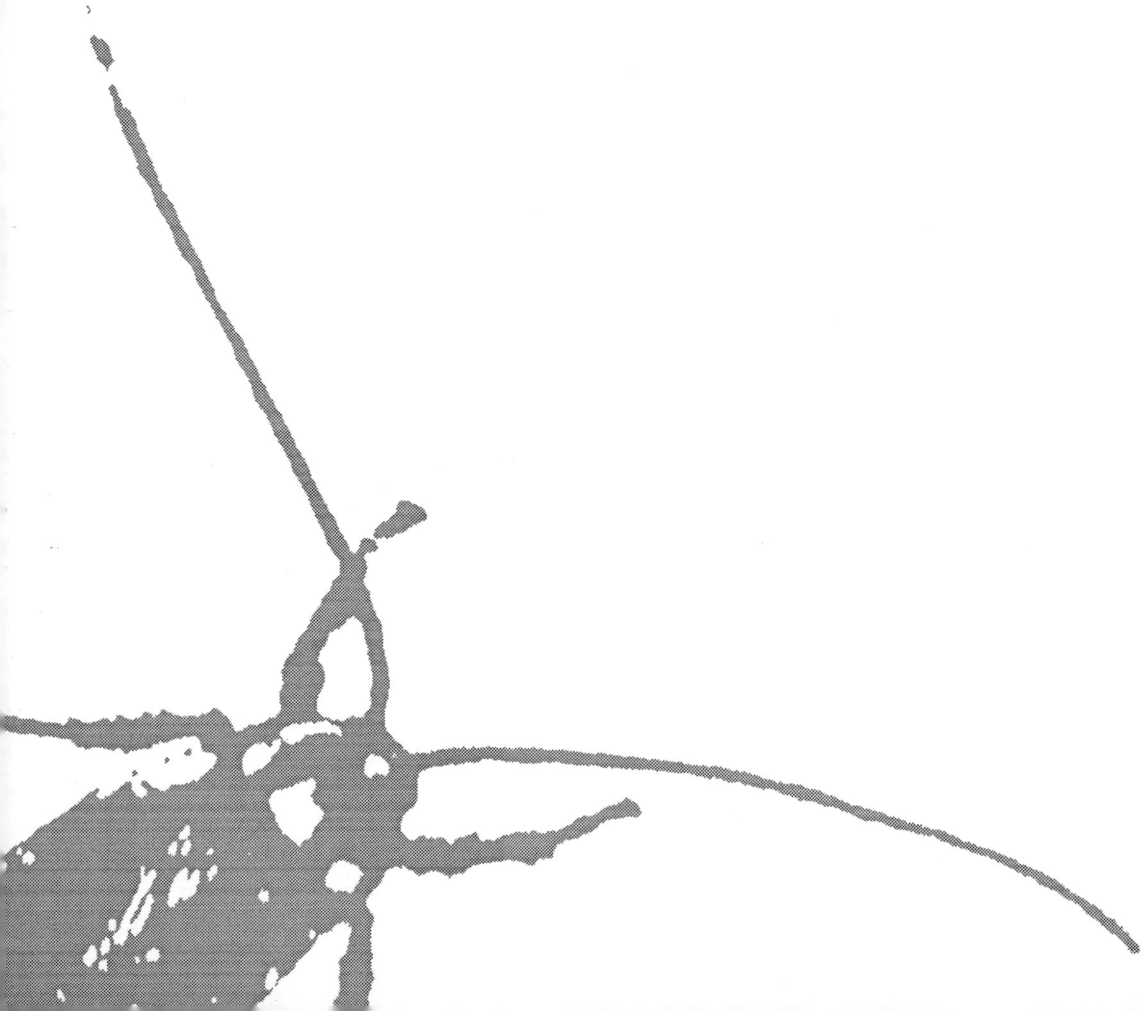

Die Deutsche Kakerlake

Ein Kakerlaken Kompendium

von Karl Kockrotsch & Ronald Rippchen

UNTER DER GÜRTELLINIE

DER GRÜNE ZWEIG 175

Impressum

Karl Kockrotsch & Ronald Rippchen
Die Deutsche Kakerlake
Ein Kakerlaken Kompendium
Der Grüne Zweig 175

Redaktion Werner Pieper
Satz & Gestaltung: Petra Petzold & Werner Pieper
Umschlag vorn: Michael Pakleppa
Umschlag hinten: Walter Hartmann

Dank an Achmed Khammas, Tom Ruddock, Sharon Levinson, Nadina Leganovic, Ede Padrone, Claudia Müller Ebeling, Ulrich Holbein, Micky Remann, Bernhard Albers, Martin Adam, Albert Hofmann, Bert Marco Schuldes, Reinhold Aman, John Beresford, Luisa Francia, Frank Fuchs, Laura Emmer, Susanne Steffe...

Dank für Nachdruckrechte an Érwin Koch bzw. das Zeit Magazin für den Beitrag auf den Seiten 21-27; Manfred Maurenbrecher für den Text auf Seite 115; Dorle Färber für die Partitur auf Seite 116; dem Rotbuch Verlag für die Gilbert Shelton Pix S. 124-125

Bildernachweis: Oona Leganovic S.14; G.I.Bernard S. 18; Quelle 30 (Entschlüsselung der Quallen auf Seite 137/8) S. 20, 39, 42, 51, 52, 58; Eisenbeis/Wichard: Atlas zur Biologie der Bodenarthropoden S. 22, 24, 26; Quelle 16, S. 31, 55, 59: Quelle 41 S. 32, 33, 86; Quelle 1 S. 34, 40; Quelle 31 S. 36, 74; Quelle 34 S. 37, 63; Quelle 18 S. 44; Quelle 44 S. 47, 56; Quelle 35 S. 48, 49; Quelle 36 S. 50; Foto Meisterstein S. 60; Bizar Kalender 94 S. 64; Tempo S. 80; Carl Strüw S. 82; Quelle 42 S. 94; New Scientist S. 97, 111, 117, 141; Dorle Färber S. 116; Warner Brothers Home Video, Ausschnitt aus Joe's Appartment S. 121; Gilbert Shelton S. 123-125; Tardi Legrande S. 126/6; Frencci Rivera S. 128/9; Alex Macartney S. 130-132; Maria S. Merian S. 135; Quelle 48 S. 139)

Druck: Fuldaer Verlagsanstalt

Verlegt von Werner Pieper's MedienXperimente, Alte Schmiede, D-69488 Löhrbach
Mehr Lesestoff finden Sie auf Seite 142/3 angekündigt.
Unseren Gesamtkatalog erhalten Sie gegen Einsendung von 2 DM Portobeteiligung.

ISBN 3-925817-75-1

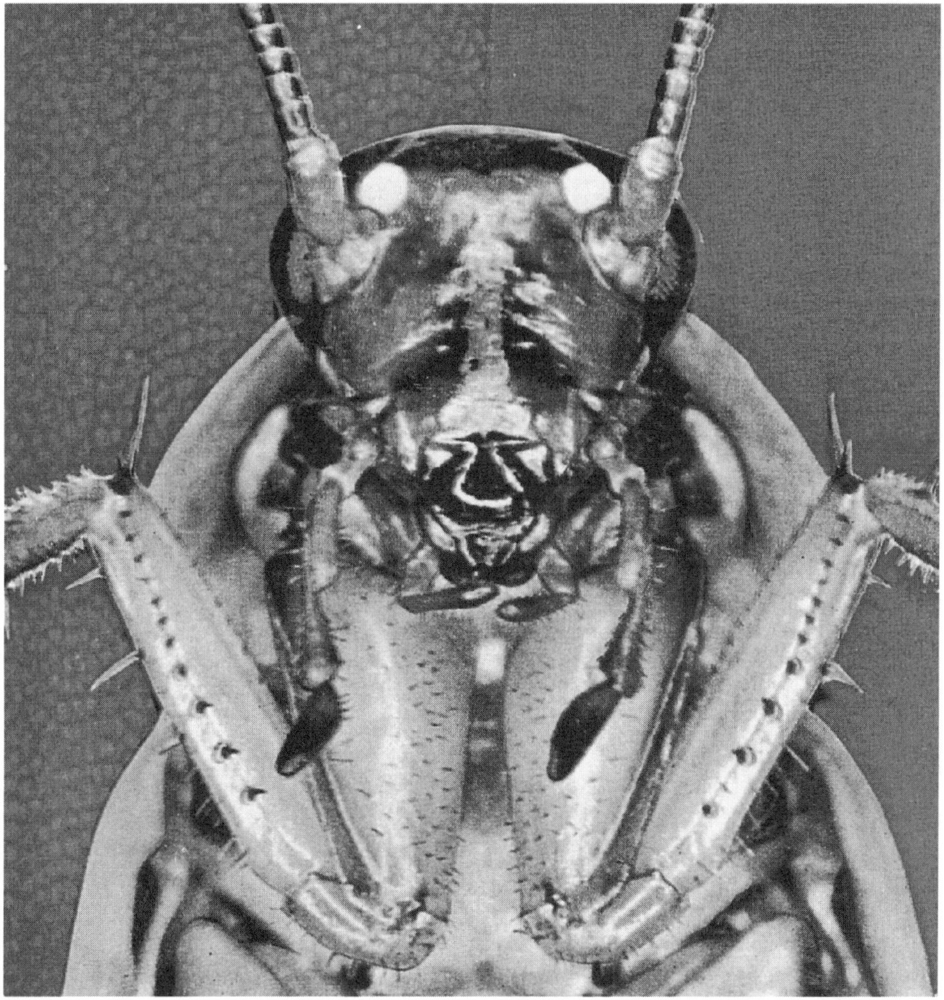

Blatella germanica

Respekt !

Respekt vor dem anderen ist unteilbar.
Wer diesen Respekt nicht vor dem Tier hat - und zwar vor jedem Tier!
auch vor Ratten und Kakerlaken! - der hat ihn auch nicht vor dem Menschen.

Alice Schwarzer (zitiert in: G.Henschel: Das Blöken der Lämmer, 1994, S.41)

AWARD
FOR
EXCELLENCE
INSECT
CATEGORY
Koren

1

Liebe Zweibeiner!

Einleitung von Karl Kockrotsch

Die Mehrzahl der Erdenbewohner war sechsfüßig. Sie trugen ihre Territorialkämpfe aus, stritten sich politisch, führten Kriege und lebten in einem Kastensystem. Ihre Intelligenz reichte aus, um auf einem unterentwickelten Planeten mehrere Millionen Jahre zu überleben.

Doch wir interessieren uns hier nicht für die Mehrzahl der Erdenbewohner, sondern es geht uns um eine kleine Minderheit - die domestizierten Primaten, die Städte bauten und Symphonien schrieben, die Dinge wie TicTacToe erfanden und die Integralkalkulation. Zur Zeit unserer Geschichte hielten sich diese Primaten für die Erdenbewohner schlechthin. Die sechsfüßige Mehrheit und andere Lebensformen auf ihrem Planeten waren ihnen nur selten einen Gedanken wert.

Die domestizierten Primaten der Erde sprachen abfällig von der sechsfüßigen Mehrheit. Sie nannten sie 'Käfer'.

Robert Anton Wilson

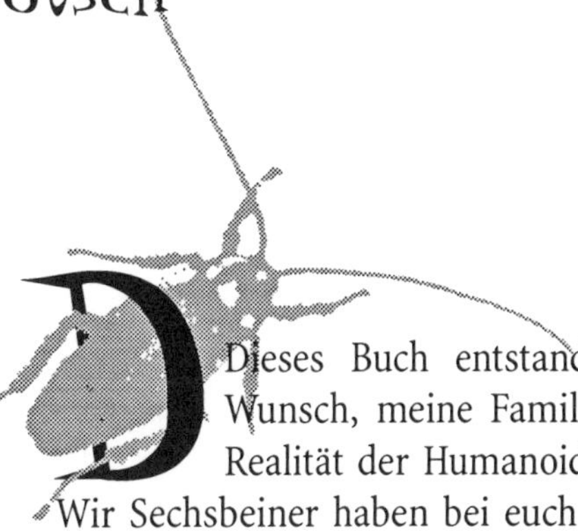

Dieses Buch entstand aus dem innigen Wunsch, meine Familie und Rasse in der Realität der Humanoiden zu rehabilitieren. Wir Sechsbeiner haben bei euch Menschen ein - irrtümlich - schlechtes Image, sodaß wir uns notgedrungen Gedanken darüber machen mußten, wie man das korrigieren könne.

Frag' dich doch mal selber, wie *du* für uns empfindest, was du fühlst, wenn du einen oder mehrere von uns siehst. Bekommst du eine Gänsehaut? Angst? Wird dir unwohl? Könntest du einen von uns mit der bloßen Hand töten? Oder gar essen? Fühlst du dich überlegen oder hast du Minderwertigkeitsgefühle?

Wir sind ganz alte Seelen. Wir waren schon hier, als sich die Kontinente formten, als die Dinosaurier kamen und gingen, als sich die schlauesten Affen so langsam auf den Weg machten, zum *homo sapiens* zu mutieren, der für viele von uns zum besten Freund und schlimmsten Feind zugleich wurde.

Wir mögen die Menschen. Sie haben uns im Laufe ihrer recht jungen Geschichte mehr neue Lebensräume erschlossen als andere Wesen zuvor. Sie versorgen uns mit Nahrung & Wohnraum, und wir wollen nicht, daß sie sich aus falschem Ekel und Haß in jene Mörderhorden verwandeln, die heute hinter uns her sind. Wir sorgen uns weniger um unser Überleben, denn das scheint allemal weit über das Leben der menschlichen Rasse hinaus gesichert, aber wir sorgen uns um das Karma der Menschheit. OK, zugegeben, auch bei uns gibt es ein paar Perverslinge, die ihren Spaß daran haben, Menschen zu erschrecken und zum Kreischen zu bringen. Aber dabei handelt es sich nur um wenige Radikalinskis, wie man sie überall findet.

Wenn ich 'Wir' sage, meine ich damit vor allem die **Deutsche Kakerlake,** aber auch unsere Verwandten in den USA, Mexiko, dem Orient, Madagaskar und anderswo. Ursprünglich stammen wir ja wie der Mensch aus Afrika **(siehe Seite 50 ff.)**, und nur ca. 50 der rund 4000 Kakerlaken-Stämme kommen überhaupt in Kontakt mit dem Menschen. Als häusliche Untermieter des Menschen ließen sich in Europa nur vier Arten nieder.

Wie kommt es nur, daß uns der Mensch, hm, schäbig findet, sich vor uns ekelt? Nur weil wir mehr Beine haben? Den Schabernack lieben? Weil es uns als Rasse schon mindestens 100 mal länger auf diesem Planeten gibt als den *homo sapiens*? Ist es also blanker Neid oder müssen wir als Symbol für deine Urängste herhalten?

Immerhin waren wir schon bevor der Mensch Abfälle hinterließ der geborene Recycler auf diesem Planeten: Eure Abfälle sind unser Festmahl, im Regenwald sorgen wir schon immer für die Humusbildung. Habt ihr ein schlechtes Gewissen? Warum haben uns die Grünen nicht zu ihrem Wappentier gemacht? Sind wir nicht nützlicher und nahrhafter als Sonnenblumen?

Zugegeben, erst der Mensch hat uns zu wahren Kosmopoliten gemacht. Wir haben geschafft, was der Deutschen Wehrmacht glücklicherweise versagt blieb: die Eroberung der ganzen Welt. Ihr habt uns mit euren Schiffen und Flugzeugen sehr dabei geholfen. Deutsche Touristen imitieren uns inzwischen sogar. Sie hinterlassen uns ihren Dreck an jedem Strand der Welt. Danke. In ihrem Reisegepäck helfen sie unseren Verwandten aus anderen Teilen der Welt, zu uns zu kommen. Ohne des Menschen Hilfe wären wir niemals so weit herumgekommen. Nochmals: Danke!

Wir sind wahre Sozialisten, wobei nicht zuletzt unser wachsender Widerstand zum Fall des selbstsüchtigen Regimes in der DDR beitrug **(Seite 110).** Na, eigentlich sind wir Basisdemokraten, leben in ur-traditionellen Clans - ohne Königin oder ähnliche Autoritäten, wie bei unseren entfernten Verwandten, den Termiten und Ameisen.

Kaum ein Lebewesen ist gefühlsempfindlicher als wir, mit unseren ungezählten Tastorganen und Antennen an den Fühlern und anderswo. Wir sind wahre Sensibelchen. Wir verschwinden, wenn ihr das Licht anmacht? Fehlanzeige. Wir verschwinden schon, wenn wir den Lufthauch spüren, der von eurer Hand ausgeht, wenn sie zum Lichtschalter greift **(Seite 46).**

Unser Liebesspiel ist einmalig. Wenn wir erst mal heiß sind, dann gibt es kein Entkommen mehr **(Seite 56).** Hey, Jungs, Penisneid?

Zugegeben, wir haben eine Schwäche für Drogen, die Mexikaner verehren uns mit dem Lied *La Cucaracha*. **(Seite 113 ff.).** Leider wurde der deutsche Text grob verfälscht. Ist schon OK, wir haben ja auch nichts gegen Alkohol. Mit einem Tropfen Bier kann man einige von uns in gute Laune versetzen. Wir trinken gerne eure Reste weg. Und musikalisch sind wir auch.

Es geht das Gerücht um, wir seien schmutzige Viecher? Einspruch Euer Ehren! Wir halten uns selber super-sauber **(Seite 47/48.).** Nur, wenn wir auf der Suche nach Delikatessen durch eure Abfälle huschen und dabei etwas von euerm Dreck verteilen, schreit ihr gleich: dreckige Kakerlaken! Hey, das ist *euer* Dreck!

Wir würden Krankheitskeime übertragen? Na, also wirklich nur dort, wo der Mensch welche für uns offen zugänglich ablegt. Gebrauchte Tupfer im Krankenhaus sind mitunter sehr lecker. Aber, zugegeben, wir haben keine Ahnung, was davon für den Menschen schädlich ist. Kein böser Wille. Wir wissen wirklich nicht, wie wir vielen Menschen so eine Paranoia einjagen. Was wir aber wissen ist, was der Mensch mit uns treibt. Er züchtet uns als Futter für andere Tiere im Zoo und künftig auch für sich selber. Wir sind nahrhaft und gesund, eiweißhaltig und schmackhaft. Das wissen wir auch, da wir ja oft unsere Toten ehrenhaft verzehren, bevor wir sie eurer Müllabfuhr überlassen.

Aber kein Tier, außer der armen Stubenfliege, wird vom Menschen in solch einem großen Umfang gevierteilt, geköpft, gequält wie wir. Wobei euch die Stubenfliege mehr Schaden zufügt als wir. Was ihr uns antut ist unbeschreiblich. Als meistgeliebte Forschungsobjekte werden wir über unseren Tod hinaus absolut ausgebeutet. Richtig: Man köpft uns, um festzustellen, wie lange wir ohne Kopf funktionieren, wie lange wir ein Erinnerungsvermögen haben! **(Seite 93).** Jedenfalls funktionieren wir kopflos viel besser und länger als ein enthaupteter Mensch. Auch auf diesem Gebiet haben wir euch etwas voraus. Uns ist jedoch noch nicht so richtig klar, warum dieses grausame Erforschen für euch so wichtig ist. OK, ihr wißt nun auf Grund eurer Kakerlaken-Beobachtungen, wie man bessere Roboter baut **(Seite 97)**. Und inzwischen habt ihr es auch geschafft, uns experimentell mit Krebs zu infizieren. Pfui!

Aber ist das ein Grund, zu versuchen, uns flächendeckend zu killen? Wir, wir kitzeln euch höchstens und schon geratet ihr in Panik. Ihr gebt Milliardensummen aus, um uns zu vernichten, obwohl ihr wißt, daß dies ein sinnloses Unterfangen bleiben wird. **(Seite 101 ff.)**

Eines eurer schäbigsten Mittel ist ein Pulver, das uns Kakerlakenmännchen nach dem Liebesakt sterben, und unsere Nachkommen behindert und nicht überlebensfähig zu Welt kommen läßt. Sowas kann doch nur einem kranken Gehirn entspringen. Absolut skandalös finde ich, daß selbst die größten sogenannten Tierschützer das toll finden. Hey, ich weiß, wir sind keine schnuckeligen Pandas oder majestätischen Wale, aber immerhin gehören wir zu den wenigen überlebenden Ureinwohnern dieser Erde.

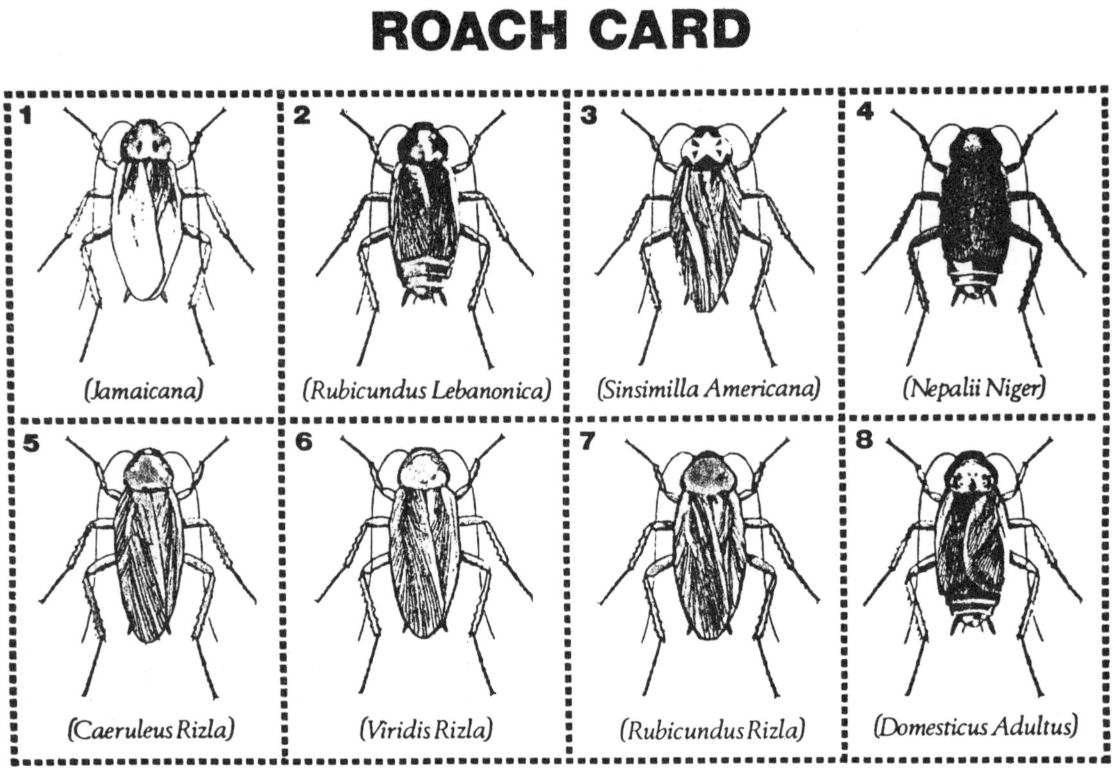

Das Lied der Mackerlacke

Wenn Mann Kakerlak wär und Kakerlak Mann,
so wären ihre Themen dann:
Überleben, Treue, Liebesglück.
Wir hoffen, kehrst du mal zurück,
liest du dies Märchen umgekehrt
und machst die Welt minder verderbt.
Wir sind der Abschaum deiner widrig-
en Verachtung - häßlich, niedrig,
doch nichts, das ausgemerzt gehört.
Wir kennen dich in- und auswendig.

Wir speisen deinen Nektar, deinen Kot,
und das nicht nur aus schnöder Not.
Du denkst, du schmachtest vor Liebe und Gram?
Bedenke doch, wie klein und arm
wir sind, deine ungeliebten Genossen:
Unser Herz ist klein.
Bleibt deins verschlossen?
Es heißt,
deine Welt wird untergehn
und unsere dauern.[4]

Wir sind lernfähig. Wir kennen keine Tabus. Wir fressen eure Killerpulver so lange, bis wir, spätestens nach ein paar Generationen, dagegen resistent sind. Neidisch, weil euch das mit euren Zigaretten nicht so leicht gelingt? Ich hoffe, ihr seid bald resistent gegen eure Kakerlaken-Phobie. Denn eines müßt ihr einfach akzeptieren: Uns gab es nicht nur schon ein paar Hundert Millionen Jahre vor euch, uns wird es auch noch lange nach euch geben. Egal, wie ihr euch und diesen Planeten vergiftet.

Wie sagte es ein Kollege von mir: "Euer Großhirn hat euch zwar all das zugegeben imponierende Menschenwerk ermöglicht, es hat euch aber nicht die Mittel und Weisheit beschert, euch dauerhaft auf der Erde einzurichten. Wohl habt ihr die von euch selber heraufbeschworenen Gefahren erkannt und sogar deren Bedrohlichkeit in den düstersten Farben beschrieben, doch habt ihr nicht vermocht, sie zu bannen. Den schönen Planeten habt ihr ausgeplündert und vergiftet, und mit eurer Massenvermehrung schaufelt ihr euch nun selbst das Grab. Ihr hättet es eigentlich gar nicht verdient, auf der Erde zugelassen zu werden."[33] Und was sagt ihr dazu? "Es war uns wichtiger, verehrter Kakerlak, eine kurze Zeit in Saus und Braus zu leben, als Jahrmillionen in Dunkelheit nach Abfällen zu suchen auf einer Erde, die mehr als dies zu bieten hatte..."[33]. So arrogant sind, zumindest auf dem Planeten Erde, nur die Menschen. Wer Schaben hat, braucht für den Spott nicht zu sorgen.

Wir sind in nichts Spezialisten, das war bis vor kurzem bei euch ebenso. Wir sind die ultimativen Surviver, das scheint bei euch anders zu sein. Wir überleben alles, daher wäre es besser, ihr würdet von uns lernen, bevor ihr euch daran aufgeilt, uns generationenlang zu verfolgen. Das nutzt euch allemal nix. Wir müssen eure Zukunftsängste ernst nehmen, schließlich sind inzwischen Milliarden von uns von der menschlichen Zivilisation abhängig. Was nützt es uns, wenn wir atomaren Fallout und das Ozonloch überleben, aber keine versifften Wohnungen, Cola-Abfüllstationen oder Großküchen mehr zu unserer Verfügung haben? Wer von uns will nach all diesem Luxus schon zurück in den Dschungel?

So haben wir uns kurz vor der Jahrtausendwende zu einer Medienoffensive entschieden. Immer häufiger tauchen wir in den Medien auf: In Videoclips, Büchern, Naturfilmen, ja selbst Spielfilmen (siehe auch in MTVs erstem Spielfilm, *Joe's Appartment*) und als hochgelobtes Computerspiel (*Bad Mojo*). So hoffen wir, das Verständnis und die Sympathien der MenschenJugend der Welt zu gewinnen.

Und selbst, wenn dies nicht klappt: We shall overcome.

Karl Kockrotsch

(Im Jahr 350.001.997, nachdem sich unser erster Vorfahr in Bernstein beerdigen ließ)

PS.: Da ich davon ausgehe, daß sich ein Mensch nicht von einer Kakerlake, und sei es einer Deutschen, belehren oder gar bekehren läßt, habe ich dieses Buch durch Ronald Rippchen ghostwriten lassen, das Vorwort ist quasi gechannelt.(Jaja, wir setzen große Hoffnungen in ein friedvolles NewAge!). Wir haben ihn gewählt, weil er das *La Cucaracha* Lied so liebt und sich für die Unterdrückten einsetzt. Right on Ronny, smoke that roach & tell it, like it is!

Karl Kockrotsch

2 Zur Entstehung dieses Buches

Vorwort des Verlegers

Ich habe keine Ahnung, warum die Menschen so stolz sind. Insekten haben doch einen viel älteren Stammbaum. Laut der Wissenschaft waren Insekten schon Insekten, als die Menschen noch blabbernde Was-auch-immer waren. Archy the Cockroach, 1958

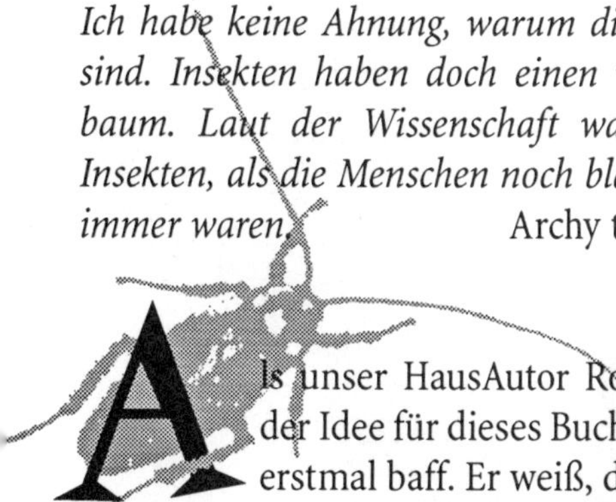

Als unser HausAutor Ronald Rippchen mit der Idee für dieses Buch auftauchte, war ich erstmal baff. Er weiß, daß ich ihm nach diversen Werken, die zu den erfolgreichsten in diesem Verlag gehören, kaum einen Wunsch abschlagen kann, nichtmal die beiden Rechercheireisen nach New Orleans & New York, zwei Zentren der Deutschen Kakerlaken. Hatte er mal wieder den absolut richtigen Zeitpunkt erwischt, war ich doch kürzlich durch zwei KakerlakenInfos in der Presse für das Thema sensibilisiert worden: Zum einen der im Kasten abgedruckte Leserbrief von Dan Pollock an das *CoEvolution Quarterly*, zum anderen durch die brutale Kriegserklärung an die Kakerlaken aus dem Zeit-Magazin, die diesem Vorwort folgt.

Ich selbst habe karmisch etwas zur Rehabilitation dieser Art beizutragen. Für uns Kochlehrlinge gehörte es zu den beliebten Spielen, die reichlich vorhandenen Tierchen mit in unsere derben Späße einzubinden. Entweder man warf sie auf die heiße Herdplatte und schaute genüßlich zu, wie ihnen die Beine schmolzen, bis der Körperpanzer auf dem Ofen *plop* machte und platzte, oder man warf sie mit den Pommes Frites ins heiße Fett. Ebenfalls das *plop* abwartend. Als Kochlehrling hat man sonst nicht viel zu lachen.... Später, als Hilfspfleger in einer Klinik arbeitend, kam es zu einem Wiedersehen mit ***Blattella germanica,*** und ich lernte, daß es kaum eine Großküche oder ein Krankenhaus gibt, in dem diese kleinen Wesen nicht ihr eigenes Reich haben.

Unvergessen der Abend mit Freund Oigen in einem 'besseren' italienischen Restaurant. Es war so gut, wie die Portionen klein waren. Ich hatte Hunger, wollte einen Nachschlag. Ohne Erfolg. Es begab sich aber genau zu diesem Zeitpunkt, daß ich, aus Richtung Küche kommend, einige Kakerlaken sah. So fing ich, mit immer lauter werdender Stimme an, ihm meine gastronomischen Kakerlakenerfahrungen zu erzählen. Weder die sich kräuselnde Stirn meines Freundes noch der flehende Blick des Kellners konnten mich abhalten. Meine Befriedigung war erst erreicht, als eine Dame vom Nebentisch hektisch, mit der Hand vor'm Mund

Sind wir bereit zu teilen?

aufsprang und würgend in Richtung Toilette lief..... Spiele der Jugend.

Genau betrachtet, sind Schaben in der Tat niedliche Tiere. Sie putzen sich permanent, sind sehr flink und listig, obwohl ihnen hinter der flachen, wenn auch hohen Stirn kaum Platz für ein Gehirn bleibt. "Die Urschaben, unseren heutigen ähnlich, haben sich scharenweise schon in den mächtigen Farn- und Schachtelhalmwäldern der Steinkohlenzeit umhergetrieben, im Schatten eines üppigen Pflanzenwuchses, dessen Reste sich im Laufe der Zeiten in Kohlelager verwandelten. Sie gehören zu den ursprünglichsten der jetzt lebenden Insekten und zu den ältesten in der Geschichte der Erde. Damals gab es noch keine Fliegen, Wanzen oder Schmetterlinge."[28]

Kakerlaken gelten als Musterbeispiele für außerordentliche Lebenstüchtigkeit und Widerstandsfähigkeit. In der Harvard Universität liegt ein 300 Millionen Jahre altes Stück Bernstein und mitten inne eine Schabe. "Spricht man die Museumsleute darauf an, ergehen sich diese in Superlativen. Die Schaben, so erfährt man, haben die Dinosaurier und die Eiszeit überdauert. Nichts hat sie von unserem Planeten vertreiben können .... Und diese Leistung haben sie vollbracht, ohne sich wesentlich zu verändern - ein Glücksfall der Evolution sozusagen."[33]

Der Spiegel (29/1995) berichtete unter der Überschrift 'Widerstandsfähige Germanen', daß diese als Emigranten in London eine unglaubliche Resistenz gegenüber chemischen Giften entwicket hätten. Acht von neun gefundenen Stämmen überlebten die 10fache herkömmliche Giftdosis unbeschadet. Alle Achtung.

Neugierig aufs Thema frage ich beim UmweltBundesAmt in Berlin an. Was man denn so über die *Blattella germanica* wisse. Ernüchternd: *Kaum etwas vorhanden'* kommt die Antwort am 3.1.95. Noch frustrierender die Nachfragen bei mehreren Tierschutzverbänden (WWF, B.U.N.D, Greenpeace etc). Ob man sich neben so telegenen Tieren wie Panda Bären, Koalas & Walen auch für Kakerlaken interessiere, oder ob Ungeziefer auch für VollblutTierschützer Ungeziefer sei. Nicht eine Antwort.

Hätte ich doch gerne gewußt, warum vor allem bei uns eine so ausgeprägte Kakerlaken-Phobie herrscht. Die Tierchen gibt es überall auf der Welt, häufig ungleich massenhafter als bei uns, aber kaum irgendwo reagieren Menschen so allergisch dagegen, wie bei uns. Selbst in Japan und Rußland werden sie weitgehend akzeptiert, von tropischen Ländern ganz zu schweigen. Warum scheint es dem Deutschen unmöglich, diese Wesen einfach zu tolerieren? Dr. Bernhard Dixon meinte schon 1976 in *World Medicine*: "I suggest, we should make more of the instrious scavening and social delightfulness of these inoffensive little creatures. Even in kitchens they can be jolly useful in making off, in the dead of night, with crumbs and scraps which *Homo sapiens* has dropped and which would otherwise become dirty, stinking and nasty." Dem kann ich mich nur anschließen.

Außerdem war es wohl an der Zeit, nach all den anglo-amerikanisch angehauchten Themen der vergangenen Jahre in diesem Verlag, auch endlich einmal ein deutsches Thema abzuhandeln, oder? Schließlich ist die *Blattella germanica,* global gesehen, bekannter als Derrick, Becker & Kohl zusammen. Die kennt die Welt nur aus den Medien, unsere kleinen Freunde jedoch aus persönlichen Begegnungen.

Ich wünsche dem furchtlosen Leser und der vorurteilslosen Leserin viel Freude auf den folgenden Seiten. Möge bei allen anderen ein weiteres Vorurteil auf der Strecke bleiben.

Werner Pieper
Isle of Man
Dezember 96

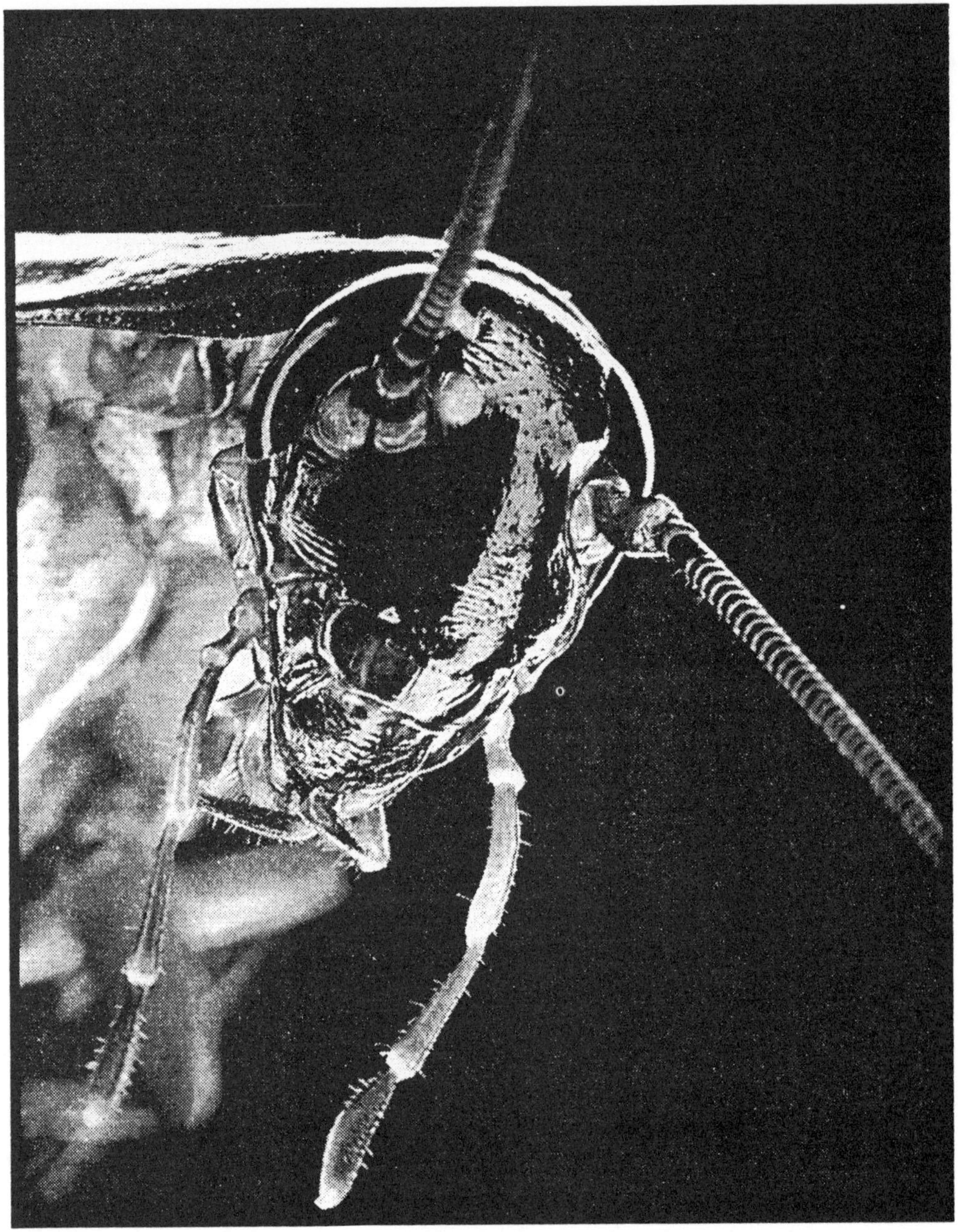

Eine amerikanische Schabe

Liebe Redaktion -

Ich finde, es ist an der Zeit, im Verhältnis Kakerlake - Mensch eine neue Offensive des Bewußtseins einzuläuten. Viele Menschen besitzen ein ausgesprochen großes Wissen über diese Mit-Wesen; Beobachtungen, Mordkomplotte und Verwünschungen, all dies sollte einmal gesammelt werden. Immer wieder hört man von neuen Methoden, wie man Kakerlaken überraschen und bekämpfen kann.

Mir geht es allerdings vorrangig darum, herauszufinden, ob es nicht Wege gibt, eine neue Ebene des Verständnisses und des Miteinanders zu finden, und Kakerlaken nicht nur als Plage anzusehen.

Die Schädlingsbekämpfer und die chemische Industrie, die hinter ihnen steht, haben kein Interesse an einer tiefergehenden Diskussion über diese Wesen. Ihnen geht es nur um eine Steigerung ihres Umsatzes bzw. um die gnadenlose Auslöschung der Kakerlake. Wobei nichtmals klar ist, ob es ihnen vielleicht sogar Recht ist, daß diese gegen neue Gifte immer schneller immun werden. Immerhin geht es auch um Umsätze und Arbeitsplätze.

Ich denke, es ist an der Zeit, daß wir uns vom bloßen Dominator und Insektenkiller zum bewußten Biologen entwickeln. Es muß doch andere, nicht chemische Möglichkeiten geben, mit den Kakerlaken in unserer Welt umzugehen. Da die Fachleute offensichtlich im Interesse der chemischen Industrie handeln, bleibt es uns AmateurForschern überlassen, neue Aspekte im Zusammenleben Mensch & Kakerlake zu entwickeln.

Als erstes geht es darum, alle verfügbaren Informationen über das Verhalten der Kakerlake und ihr Verhältnis zur menschlichen Natur zu sammeln. Dafür wären Antworten auf folgende Fragen hilfreich:

- Mit welchen Substanzen, Strategien, Volksweisheiten, Familiengeheimnissen, Einstellungen und Vorurteilen begegnest du den Kakerlaken in deinem Haushalt oder anderswo?
- Hast du einen Nutzwert der Kakerlaken entdeckt?
- Ist es wahr, daß Kakerlaken, in Öl gegrillt und mit Knoblauch gewürzt, gegen Magenverstimmung helfen?
- Ist dir bekannt, wo Kakerlaken gegessen werden?
- Werden die Duftstoffe (Pheromone) der Kakerlaken erforscht? Wo? Von wem?
- Wenn ich eine Kakerlake in meinem Küchenwaschbecken herunterspüle, kann sie dann wieder herausgeklettert kommen?
- Wie lange braucht eine Kakerlake, bis sie ersoffen ist? Oder gekocht?
- Wenn ich eine Kakerlake erwische und totdrücke, erwische ich dann nur die langsamsten und fördere so die natürliche Auslese der schnellsten?
- Was erzählen dir die Alten über das Verhalten der Kakerlaken früher? Läßt sich eine Verhaltensänderung feststellen? Werden sie im Verlauf der Zeit cleverer?

Laßt uns unser Wissen sammeln. Laßt uns im Umgang mit diesen Wesen neue Wege finden. Die Kakerlake ist weltweit verbreitet und wird sicherlich auch bald in Weltraumstationen zu finden sein.

Wie sollen wir uns ihnen gegenüber verhalten - zum Wohle aller?

Mit insektiden Grüßen

Don Pollock, New York

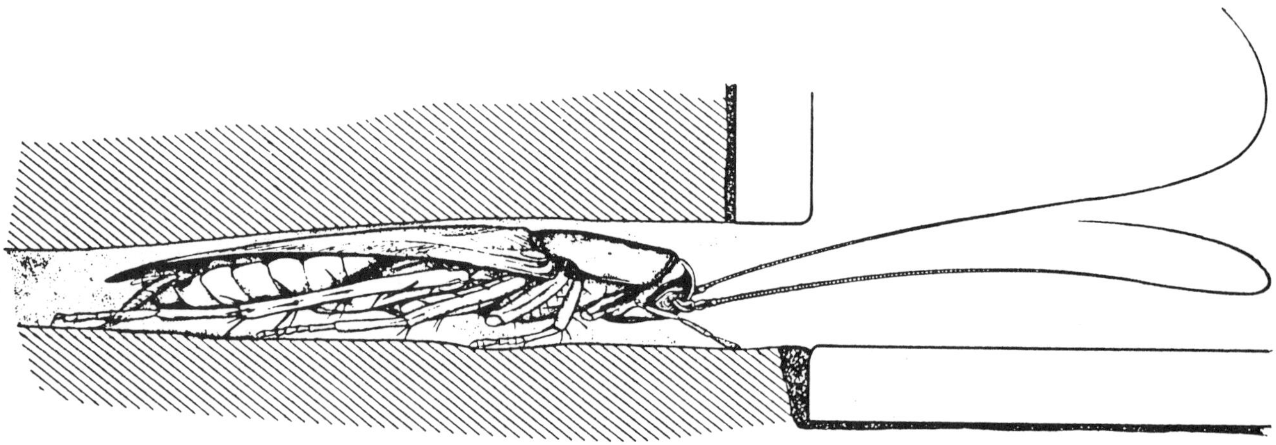

Klaustrophile Wesen : Eng ist's beautiful

3

Der Tag geht, die Schabe kommt

Ein vorurteilsschwangerer SchabenPhobiker suhlt sich in seinem Ekel

Ob Wohnungen, Krankenhäuser oder Lokale: Weltweit sind die Kakerlaken auf dem Vormarsch. Und kein Gift scheint sie aufzuhalten.

Die Katastrophe hat zwei Herzen, und wenn man ihr den Kopf abschneidet, dann schlägt das größere noch dreißig Stunden lang.

Eines Tages fand ein Mann, Junggeselle mangels anderer Gelegenheit, die Welt verändert. Er notierte den 14. Februar 1988. Die Haut um seinen Mund war über Nacht rot geworden, und er wußte sich nicht zu helfen. Er bestrich die Färbung mit Kamillensalbe, griff auch zu einem Puder, doch je heftiger er die Röte zu bleichen suchte, desto deutlicher leuchtete sie aus dem Gesicht. Anderntags, es war Montag, traf er seinen Hausarzt und dieser, weil ihm keine Diagnose einfiel, empfahl dem Mann einen Spezialisten der Dermatologie. Doch Hautärzte, man weiß es, sind vielbesuchte Menschen, am Telephon nannte ein Fräulein den 4. März als früheste Möglichkeit, zu dem Doktor zu gelangen. Der Mann, als er durch die Straßen ging, legte sich eine Schärpe vor den Mund. Schließlich begann die Rötung zu jucken, weiße Schüppchen fielen ihm, wenn er sich kratzte, wie Schnee auf die Brust.

Das große Herz, ein Schlauch, ist so lang wie der ganze Körper! Das kleine, über dem Hirn gelegen, versorgt zwei riesige Fühler mit farblosem Blut.

Franz Halbkerf, so wollen wir den Unglücklichen nennen, entschloß sich, nicht hinzunehmen, was in der Nacht von Samstag auf Sonntag über ihn gekommen war. Zwar kein Ästhet, schämte sich Halbkerf doch, der Welt seine Veränderung zu offenbaren, und so meldete er sich krank und unfähig zu jeder Arbeit. In tiefem Rot glühte nun der Mund.

Am Aschermittwoch, dem 17. Februar 1988, schlich er vermummt in die größte Bibliothek einer süddeutschen Stadt, entschlossen, der Krankheit selber auf den Grund zu kommen.

Während Stunden saß er im Saal und ließ sich Bücher bringen. Plötzlich rief ein Aufseher durch die gebotene Stille, man bitte um Verzeihung für den Lärm, der nun entstehen würde, denn Fachleute der Ungezieferbekämpfung seien daran, die Bestände zu säubern, weil letzthin einige Schaben entdeckt worden wären. Und Schaben, bekanntermaßen, seien besonders scharf auf die Eiweißpaste, mit welcher einst goldene Buchstaben auf alte Bücher geprägt wurden.

An den Fühlern, ein Wunder der Neurologie, sind zehntausend Sinnesorgane. Sie reagieren bereits auf Stoffe, die nicht größer sind als ein Molekül.

Eine Studentin, die neben Halbkerf am Tisch saß, zischte: "Kakerlaken!" Das Wort traf Halbkerf wie eine Erleuchtung. Der Kranke verließ den Saal, mehr hüpfend als gehend, fingerte sich nervös durch den Katalog, Stichwort "Schaben", und bestellte so viel, wie er zu tragen imstande war. Als er, erregt in seiner Wohnung angelangt, in Professor Herbert Weidners "Bestimmungstabellen der Vorratsschädlinge und des Hausungeziefers Mitteleuropas" nachschlug, als er die Tierchen sah, ihre langen, gebogenen Antennen, die sechs haarigen Beine, die gedrungene Gestalt, da gerann ihm der Verdacht zur Überzeugung: Er litt an Schabenallergie; Schaben, die nachts aus ihren Löchern krochen und ihm, wenn er schlief, den Speichel aus den Mundecken saugten, hatten ihn krank gemacht.

Franz Halbkerf, über den Büchern hockend, lernte schnell. Es gibt verschiedene Arten. Schaben gehören zur Ordnung der Blattariae. Sie lieben die Wärme und fressen fast alles. Halbkerf zögerte nicht, die Deutsche Schabe, Blattella germanica, die eigentliche Hausschabe von dreizehn Millimeter Länge und hellbrauner Farbe, in die Schuld zu weisen, denn er las, daß vier Fünftel aller Kakerlaken, die unsere wohlzivilisierten Breiten heimsuchen, Deutsche Schaben seien. So erfuhr er auch von der Orientalischen oder Küchenschabe, größer und dunkler als die Deutsche, und von der Amerikanischen, einem Tier, das beinahe vier Zentimeter lang wird; Halbkerf schauderte. Am 18. Februar 1988 rief er seinen Hausarzt an und teilte ihm mit, er, Halbkerf, leide an einer Schabenallergie. In den Vereinigten Staaten von Amerika, wo, gemäß einer Studie des Ministeriums für Landwirtschaft, auf eine durchschnittliche Sozialwohnung 26000 Kakerlaken kämen, seien bereits 15 Millionen Menschen an dem Geschmeiß erkrankt. Der Arzt staunte und riet dem Mann, sich trotzdem vom Dermatologen untersuchen zu lassen. Noch am selben Tag, nach der Lektüre von "Zehn kleine Hausgenossen", einem Werk von Karl von Frisch, der die Schaben zu den ältesten und ursprünglichsten Insekten zählt, die den Höhepunkt ihrer Entwicklung bereits im Oberkarbon und Perm vor 300 Millionen Jahren erreichten, zog Franz Halbkerf mit einer Tube flüssigen Silikons durch seine zwei Zimmer und dichtete Fugen und Ritzen. Nachts band

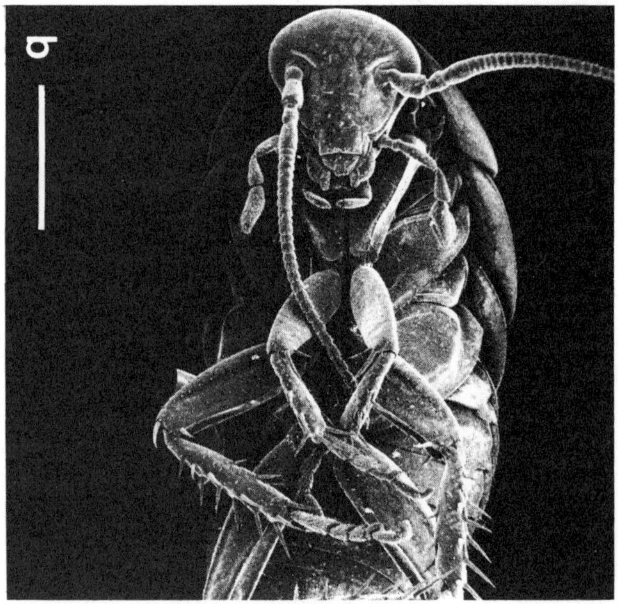

Eine kleine Waldschabe, Strich = 1 mm

er sich ein Tuch aus feiner Gaze vors Gesicht. Ständig fühlte er das Nahen der Feinde. Hörte er die Schaben trotz seiner Maßnahme im Dunkeln wieder über den Boden krabbeln, knipste er rasch eine Lampe an, damit die Tiere, wie es ihre Eigenart ist, vor dem Licht in ein Versteck flüchteten, auf daß er sie dort für alle Zeiten hinter Kunststoff sperrte. Aber jedesmal, wenn er zu seiner List ansetzte, waren sie bereits verschwunden. Er wußte: 130 Zentimeter in der Sekunde sind sie schnell. Doch erfuhr der Mann, in der Abwehr der Tierchen noch unerfahren, großen Trost, als er las, daß es selbst dem amerikanischen Verteidigungsministerium, dessen berühmte Heimstätte, das Pentagon, von zwei Millionen Deutscher Schaben unterwandert sei, trotz dreimaligen Giftsprühens in der Woche bis dato nicht gelungen sei, die Schaben aus dem Zentrum der Macht zu vertreiben. Denn das Getier, selbst gegen radioaktive Strahlung weitgehend unempfindlich, ist jeweils nach sechs Generationen wieder immun gegen neues Gift, und sechs Generationen Schaben entstehen, wenn die Wärme stimmt, 30 Grad Celsius, während eines halben Jahres.

Nach erfolglosen Nächten saß Franz Halbkerf wieder am Tisch und bildete sich weiter im Krieg gegen die Kakerlake. Die Küchenschabe, so steht in "Grzimeks Tierleben", war, wie der glückliche Fund in einem Torflager bei Hohenweststedt in Holstein beweist, schon während einer warmen Zwischeneiszeit ins Gebiet gezogen, das man heute deutsch nennt. Später, als der sensible Teutone allerlei Feindschaften entwickelte und folgerichtig alles Böse nur von den Bösen kam, schimpften die Süddeutschen die lästigen Schaben Preußen, die im Norden nannten sie Schwaben, die im Westen hießen sie Franzosen, im Osten waren es die Russen, und die richtigen Russen ihrerseits riefen sie wieder Preußen. Diesem Brauch erlag auch der gelehrte Schwede Carl von Linne, welcher der Hausschabe den wissenschaftlichen Namen Blatella germanica gab, obwohl diese aus der Gegend am Aralsee stammt. Heute heißt die Tapetenflunder weitherum, in Anlehnung an die spanische Bezeichnung cucaracha, Kakerlake.

Zwei Kiefer hat sie und Zähne aus Chitin in einem Magen, der kauen kann. Schreckt vor Kannibalismus nicht zurück, sobald ein Artgenosse verletzt ist.

Ende Februar, mitten in der Lesung von Erwin Schimitscheks "Insekten in der bildenden Kunst", deuchte den kranken Mann, der die Schaben nur noch Kotzkäfer nannte, es stinke in seiner Wohnung nach Katzenkot. Noch hatte er in den vierzehn Tagen seiner Leidenschaft kein Tier getroffen, aber er wußte inzwischen, daß sowohl die Orientalische wie auch die Amerikanische Schabe zwischen dem sechsten und siebten Bauchring Öffnungen besitzen, aus welchen die Insekten übelriechenden Drüsensaft zu verströmen pflegen. Schlimmer noch: Die Tiere sind fähig, zwischen der fünften und der sechsten Platte ihres Rückens per Blutdruck Säcke aus dem Leib zu stülpen, um die Welt in Gestank und Dreck zu legen.

Halbkerf roch an seinen Fingern, fortan wusch er sie jede Stunde. Als ihm schließlich ein Cartoon des Amerikaners Don Martin, der mit Vorliebe das Leben und Sterben von Schaben, cockroaches, zeichnete, in die Hände fiel und das Geräusch geschrieben sah, das entsteht, wenn ein Mensch auf ein Brett tritt, unter dem fünf Schaben stecken, las er das Wort, las es ein zweites Mal, lernte es auswendig und freute sich, "skwibidibidap!"

Skwibidibidap allen Kakerlaken! hoffte Franz Halbkerf.

Nun hatte er auch aufgehört, Bier zu trinken, weil Schaben, in ihrer Gier nach Zucker und Stärke, diesem Saft besonders zuzusprechen suchen. Drei Tuben Silikon waren aufgebraucht, die Abläufe in Bad und Küche mit Korken verstopft. Am 4. März 1988 gelang es ihm nicht, den Dermatologen, den ihm der Hausarzt empfohlen hatte, von seiner Schabenallergie zu überzeugen; vielmehr passierte dem Fachmann das Ungeschick, Franz Halbkerf auszuplaudern, daß der persische Gelehrte Abu Hanifa ad-Dainuri, gestorben im Jahr 895 nach Christus, pulverisierte oder in Öl zerriebene Kakerlaken als bestes Mittel gegen Beingeschwüre, Ohrenschmerzen, Frauenkrankheiten und Nierenstörungen anpries. Halbkerf, angesichts solch ärztlicher Ignoranz, mummte sich in seinen Schal und verließ die Praxis auf der Stelle. Wenn die Ärzte nicht wollten, dann wußte er sich selber zu helfen.

Nach drei Wochen ist sie geschlechtsreif. Alle drei Wochen legt sie siebenunddreißig Eier, fünf Monate lang.

Am Montag, dem 7. März 1988, ging Franz Halbkerf wieder zur Arbeit. Mund und Kinn hatte er sich mit einer hautfarbenen Schminke überdeckt, er behauptete, wenn ihn dennoch jemand auf den Umstand ansprach, er hätte sich mit heißem Tee verbrannt. Der Kakerlakenkrieg war ihm zur Aufgabe seines Lebens geworden. Er schrieb lange Briefe an die Dermatologen Deutschlands, keiner wollte seine Belehrung. Nacht für Nacht lag er auf der Lauer, hörte den Feind in ganzen Rotten über den Spannteppich ziehen. Dann machte er Licht, zu spät, die Feiglinge waren wieder geflohen.

In einer Arbeit des Würzburger Professors Hansjochem Autrum las er zum erstenmal vom empfindlichen Subgenualorgan der Kakerlaken. Der Gelehrte hatte an der Amerikanischen Schabe, Periplaneta americana, den Erschütterungssinn erprobt und Unglaubliches gefunden: Das Nervensystem der Blattariae spricht noch auf Schwingungen an, die bei einer Frequenz von 1400 Hertz in der Sekunde die Sitzunterlage des Versuchstieres um den zweihundertfünzigtausendsten Teil eines Tausendstelmillimeters von der Mittellage nach oben und unten vibrieren lassen. Franz Halbkerf, physikalisch von eher nüchterne Anlage, erkannte die Sensation erst, als er las, daß man sich, um vom Unfaßbaren eine Ahnung zu gewinnen, eine Riesenschabe von viertausend Kilometern Länge

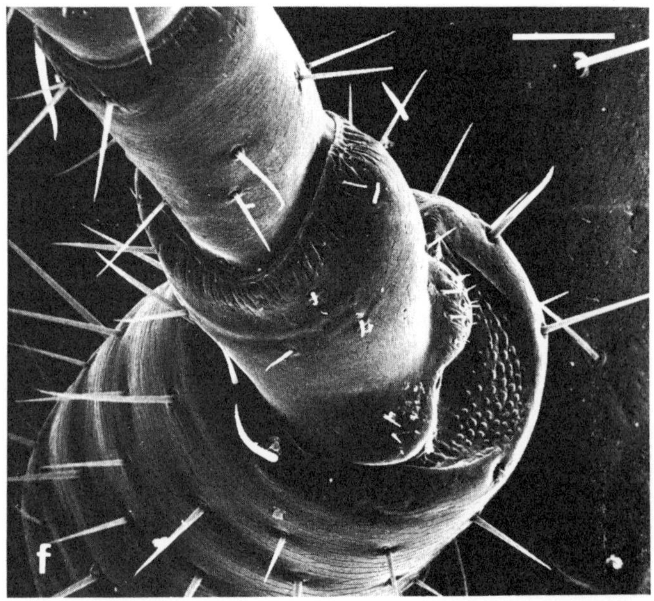

Antennenscharnier

denken müsse, die noch Erschütterungen von einem einzigen Millimeter wahrzunehmen imstande sei. Wie, zuckte es dem Mann durch den Kopf, sollte er bei dieser Gegebenheit das Licht einschalten können, ohne die Kotzkäfer bereits zu vertreiben, wenn er nur den Finger krümmte?

Ende Juni 1988 erfuhr Franz Halbkerf im Fernsehen, in Chicago hätte eine Heerschar von Deutschen Schaben vierzig Busse der örtlichen Transportbehörde besetzt; im Januar 1989 berichtete die Agentur Agence France Presse, in Moskau sei das riesige Hotel "Kosmos", 3500 Betten stark, wegen Kakerlakenbefalls geräumt worden. Solche Katastrophen bestärkten ihn in seinem Streit. "An alle Menschen, die guten Willens sind", begann er nun die Schriften an Ärzte und Lehrer, "errichte ich eine Warnung: Die Schaben sind die wahren Weltbeherrscher". Hie und da, selten genug, geriet ihm eine Meldung zur Freude. Die Süddeutsche Zeitung brachte am 29. Juli 1989 die Nachricht, daß im fernen Tokio die Siegesprämie von 100 000 Yen, 720 Dollar, an eine gewisse Kayoka Miyagi ergangen sei, weil dieser gelang, die größte Kakerlake zu erjagen, ein Beispiel des amerikanischen Typs, viereinhalb Zentimeter in der Länge; Halbkerf, als er die frohe Botschaft vernahm, schnitt sie aus dem Blatt und nadelte sie an die Wand.

Zur Not ernährt sie sich drei Monate lang vom Klebstoff einer einzigen Briefmarke.

Schließlich verfeinerte Franz Halbkerf während eines Abendkurses seine Englischkenntnisse so sehr, daß er sich den Forschungsarbeiten der Amerikaner zuwenden konnte, den entomologischen Erkenntnissen einer Weltmacht, die jährlich eine Milliarde Dollar ausgibt, um sich von den Schaben zu befreien.

Mit Wollust las er vom Projekt der Herren Shanahan und Feller aus New York, die in ihrem Labor zwei Kupferdrähte an den Wänden entlangspannten, Strom darauf luden und so jede Kakerlake, die mit dem Apparat in Berührung kam, zu Tode elektrisierten. Doch trotz der sichtbaren Erfolge des Systems nahm die Forschung den Weg der Chemie. Zwar waren die Tierchen gegen Lindan, Malathion, Diazinon, Propoxur, Bromophos und dergleichen Gifte längst immun. Aber nach langer, mühseliger Exploration glückte zwei Chemikern aus Yale, den Liebessaft herzustellen, mit dem die Kakerlaken ihre männlichen Gespielen zwecks Fortpflanzung in tanzende Ekstase bringen. Dank dieses Periplanon-B, dachte der Mensch, würden die Schaben blind in jede Falle laufen, sei es in die Französische, die Westwoodsche, die Englische oder Habersche. Doch der Schlich hatte so wenig Erfolg wie jene hinterlistige Mixtur, die hätte bewirken sollen, daß Kakerlakenmänner, was das Geschlechtliche angeht, sich nur noch unter ihresgleichen zur Balz aufraffen.

Franz Halbkerf legte, was er an Wissen zunahm, geordnet in durchsichtige Mäppchen. Der Krieg war noch nicht gewonnen. In Griechenland, Juni 1990, setzte der Hersteller der neuen Schabenwaffe Flak für den Überbringer der größten Kakerlake 30 000 Mark aus. Das Sprühgift aus den wohldosierten Ingredienzen MGK 264, Piperonyl, Butoxid, Chlorpyrifos und Pyrethin schädige, versprach die Packung, jene Ozonschicht, die alles Leben auf der Erde schützt, mit Sicherheit nicht. Franz Halbkerf, der sich angewöhnt hatte, die roten Flecken im Gesicht jedermann stolz zu zeigen, gleichsam als Tapferkeitsorden im Feldzug wider die Schabenplage, wird den 12. März 1991 nicht vergessen. Auf sechs Spalten feierte die New York Times den vermutlichen Sieg: Am Stoffwechselgift Amidinohydrazon, eingebacken in Haferplätzchen mit dem sinnigen Namen Combat, so las der Mann mit heißen Ohren, seien schon Abermillionen Schaben gestorben, und alle Tests hätten bewiesen, daß keinerlei Anzeichen von Resistenz vorlägen; Halbkerf rieb sich die Hände. Nun wußte er zwei Worte auswendig: Amidinohydrazon und skwibidibidap.

Verliert die Kakerlake, während sie sich häutet, ein Bein, wächst es wieder nach. Sie häutet sich in der Regel siebenmal.

Anfang April lagen die Schriften, die Franz Halbkerf mit den Parasitologen der Welt gewechselt hatte, in alphabetischer Reihe in drei Ordnern. Viele, einigermaßen entnervt, schrieben Halbkerf auf seine Klagen, der Fall, Halbkerfs Fall, entspreche in einigen Zeichen der sogenannten Entomophobie, einer krankhaften Insektenangst, die in letzter Konsequenz psychiatrischer Behandlung bedürfe. Franz Halbkerf überlegte, bei der Staatsanwaltschaft gegen die Professoren wegen übler Nachrede, Paragraph 186 des Strafgesetzbuches, Klage zu führen. Er rechnete aus, wie teuer ihn die Gerechtigkeit zu stehen käme, dann entschloß er sich, sein Geld nutzbringender zu verwenden, ließ in der Wohnung die Spannteppiche entfernen und billigen, aber ritzenlosen Novilon auf die Bretter leimen. Der Mann dachte: Zwar hat der Fuß der Schabe fünf Glieder und die ersten vier davon sind mit Haftplättchen versehen und das fünfte mit zwei Krallen und dem Arolium, dem Haftlappen; zwar gelingt der Schabe, auf diese Weise ausgerüstet, auch das Gehen an Wänden, aber trotzdem: Ein Kotzkäfer auf glattem Kunststoff ist leichter zu erschlagen als auf weichem Teppich. Noch hatte er keinen gesehen. Sie versteckten sich irgendwo.

Bestreicht ein Lüftchen die Haare ihrer Schwanzborsten, ist sie schon nach einer Zwanzigstelsekunde auf der Flucht.

Dann verkaufte Halbkerf den Fernseher, weil er in der Frankfurter Allgemeinen Zeitung gelesen hatte, in den Vereinigten Staaten lebten die Kakerlaken selbst in Küchengeräten und Stereoanlagen. Abends, wenn er zu Bett wollte, legte er seine Kleider zusammen und steckte sie in eine Plastiktüte mit Druckverschluß. Zu Hause aß er nichts, trank nichts. Zu telephonieren ekelte ihn, immer dachte er, was geschähe, wenn ihm eine Schabe ins Ohr kröche.

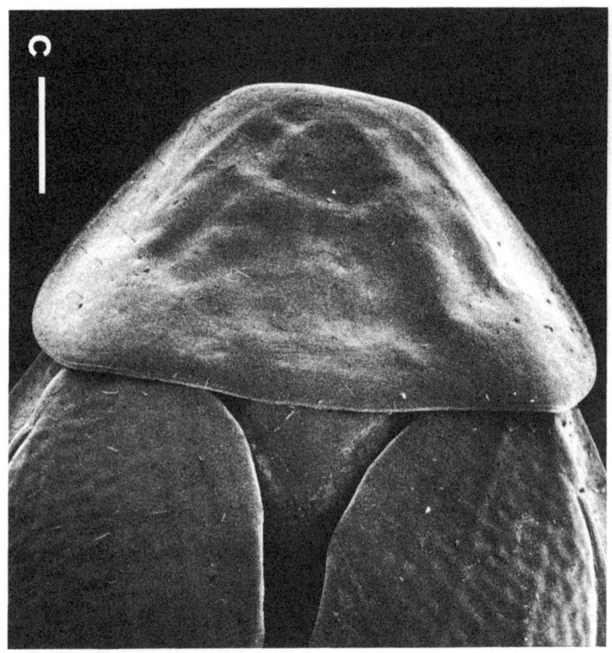

Halsschild, Strich = 0,5 mm

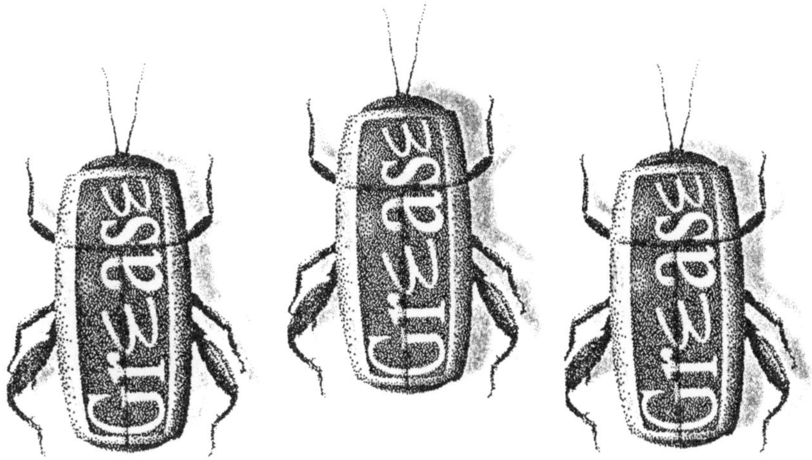

Diese kleinen Kriecher lassen sich kopieren, ausschneiden und kreativ anwenden. Tip: Die Füllung von McDonalds Apple Pie ist ein wundervoller Klebstoff (aus einer amerikanischen Anzeigenzeitschrift).

Er wußte: Schaben fressen, was ihnen in den Weg kommt. Pflanzliches und Fleischliches. Schaben bringen Krankheiten unters Volk, die Erreger von Typhus, Polio, Cholera, Milzbrand, Gelbsucht, Scharlach. Die Schabe und der Floh trugen in vergangenen Jahrhunderten die Pasteurella pesti durch die Länder, zwischen 1347 und 1352 starb ein Viertel der Bevölkerung Europas an der Pest. Eine Studie von 1969, 600 Jahre nach der großen Seuche erstellt, ergab, daß in niedersächsischen Kurorten zehn von zwölf untersuchten Krankenhäusern von Kakerlaken befallen waren. Franz Halbkerf, wer könnte daran zweifeln, focht schon lange nicht mehr gegen die juckenden Flecken im Gesicht; er stritt im Interesse aller.

Unverständlich war dem Mann, daß ihm das neue Buch des Bochumer Professors Franz Mehlhorn, im Frühjahr 1990 erschienen, hatte entgehen können. Als er, mehr zufällig, das Werk "Zecken, Milben, Fliegen, Schaben" in einer Volksbibliothek entdeckte und unvermittelt zu blättern begann, stieß er auf den Seiten zwölf und dreizehn, Kapitel "Ungezieferwahn", auf die Beschreibung von Fällen, die dem seinen ähnlich waren. Da war von einer Frau die Rede, die, ständig von Juckreiz geplagt, in ihrer Haut Schädlinge vermutete, die unheimliche Signale aussenden; ein Mann glaubte, eine Ameisenkönigin verschluckt zu haben, und entdeckte nun in seinem Speichel ständig junge Ameisen; ein anderer war sicher, von Amöben befallen zu sein, die seinen Körper durch das vorgesehene Loch verließen und durch die Haut wieder in ihn drangen, und weil kein Wissenschaftler in deutschen Landen seine Wahrheit zu erkennen vermag, setzte der Arme zur Bestätigung seiner Theorie gar einen Preis aus.

Und Franz Halbkerf beschloß noch am selben Tag – es war der Tag, an dem der Emir von Kuwait das letzte Bohrloch feierlich löschte – alle Menschen guten Willens, die von den Herren Professoren Entomophobe und Querulanten geschimpft wurden, in einem wohltätigen Verein zu sammeln. Denn am Insektengekreuch, daran soll der Mensch nicht zugrunde gehen.

Erwin Koch

Blatella germanica & ihre Verwandtschaft

Arten & Namen

So alt ihre Rasse, so mannigfaltig die Verwandtschaft. Die Überordnung der Kakerlake, *Blattia*, beinhaltet außer den Hauptdarstellern dieses Buches noch die Fangschnecken und die Termiten. Letztere haben den Geselligkeitsdrang der *Blattia*-Verwandschaft weiterentwickelt. Sie leben inzwischen in hochstrukturierten Staatenbildungen.[8] Dagegen sind die Kakerlaken die reinsten Anarchisten.

Sie haben die meisten ihrer ursprünglichen Merkmale unverändert bis heute erhalten. Sie sind Nachttiere, sehen wenig, fühlen viel. Ein Halsschild verdeckt einen Großteil des Kopfes, die muskelstarken Laufbeine erlauben eine schnelle Fortbewegung bis hin zu kleinen Sprüngen. Die Deutsche Schabe kann zwar nicht fliegen, aber doch segeln. Die meisten der ca. 4000 Arten leben im Regenwald, aber auch bei uns gibt es neben den Hausschaben im Wald lebende.

Der Biologe unterteilt die Schabenverwandten wie folgt:

Überordnung Schabenverwandte: *Blattia*
Ordnung Schaben: *Blattariae*
Familie *Blattidae:*
– Waldschaben *(Ectobius)*
– Kleinschaben *(Hololampra)*
– Hausschabe *(Blattella germanica)*
– Küchenschabe *(Blatta orientalis)*
– Amerikanische Großschabe *(Periplaneta americana)*

Die Helden dieses Buches haben im Laufe der vergangenen 200 Jahre mehrere wissenschaftliche Namen erhalten. 1767 wurden sie vom großen Namensgeber der Fauna und Flora, Herr Linné aus Schweden, zur ***Blatta germanica*** ernannt, da dieser sein Forschungsexemplar von einem deutschen Kollegen erhielt. So wurde damals recht formlos ein Afrikaner einfach eingedeutscht. Gut so, denn stell' dir vor, man würde heute von der afrikanischen Kakerlake reden. Das wäre doch verheerend.

1793 ernannte Daldorf unseren Liebling zur *Blatta obliquata,*
1835 Forscher Stephens zur *Ectobius germanicus,*
1864 Forscher Saussure zur *Phyllodromia bivittata,*
1865 Bruner von Wattenwyl zur *Phyllodomia germanica,*
1876 Forscher Tomas zur *Ischnoptera bitvittata,*
1903 Forscher Caudell zur *Blattella germanica.*

Die Namen haben zum großen Teil griechischen Ursprung. So scheint *Blatta* schon bei den alten Griechen der Name für Kakerlake gewesen zu sein. *Periplaneta*, der Name der amerikanischen Kollegen, bedeutet 'wandernder Stern'. Diese Bezeichnung stammt wahrscheinlich aus dem Wissen, daß sich diese Tierchen durch fahrende Händler, Schiffe etc. weit verbreitet haben. Bei den Römern hieß sie *lucifugia*, ein Begriff für alle lichtscheuen Wesen.

Die Vorform des anglo-amerikanischen *Cockroach* wurde acht Jahre nach Shakespeares Tod von Captain John Smith eingeführt. Er berichtete von einem 'speziellen indischen Käfer, den die Spanier *Cacarooth* nennen'. Er hatte diese Spanier wohl mißverstanden, denn sie meinten zweifelsohne *cucarachas*, eine Wortmischung aus *Cuco* (Raupe) und *acha* (gemein). Es war Darwin vorbehalten, 1859 zum erstenmal die Schreibweise *cock-roach* festzulegen. Um 1900 wurde dieser Name von den Amerikanern auf *roach* verkürzt.

Es war dann der Musikkritiker Meyer Berger, der 1938 im *New Yorker* in seinem Beitrag *Tea for a Viper* über die kiffenden Jazzer berichtete und dabei einen Reefer-Stummel *a roach* nannte. Nicht die erste und nicht die letzte Connection zwischen den Schaben & Hanfgenuß. Der berühmte Bebob Trommler Max Roach hatte seinen Namen schon, bevor er wg. Marijuana Schwierigkeiten mit der Polizei bekam. Aber ich schweife ab. Hm.

Die späte Namensgebung für dieses alte Wesen ist auch der Grund, warum die Kakerlake nirgendwo in der Bibel auftaucht. Teuflisch verschwiegen. Der Beweis, daß es auch ohne Bibel geht? Oder hat sich Gott ihrer geschämt?

Aus der schabigen Mythologie

"Unser wissenschaftlicher Name ist ... *Blattella germanica*", erklärte Columbo, "aber unseren eigentlichen Ursprung haben wir in Afrika ... Aber vergessen wir nie, wer sich den Namen ausgedacht hat ... das Tier, das sich selbst *Homo sapiens* nennt."

"Lateinisch für 'denkender Schwuler'", erläuterte Miller.

Columbo widersprach: "Die Menschen führen *Homo sapiens* auf das indogermanische *'dhghom-on'* zurück, was 'Erdling' bedeutet. Aber es ist afrikanisch, Savannendialekt. Als der erste haarige Wicht vom Baum fiel, riefen wir 'HoHo!'. Der Name blieb hängen." *aus: D.E.Weiss, La Cucaracha*

Daß die Kakerlake nicht immer populär war, zeigt der Umstand, daß man sie häufig nach unbeliebten Nachbarn benannte, ja, teilweise heute noch benennt. So nennen die Süddeutschen sie *preußische Schabe*, die Norddeutschen *Schwabenschabe*, die Ostdeutschen *russische Kakerlake* und die Westdeutschen *Franzosen*. In Rußand soll es die Bezeichnung *Preußen* für sie geben. In südlichen Gegenden wurden sie *Spanier* genannt, wohl noch in Erinnerung an Karl V. In nördlicheren Gefilden heißen sie *Dänen*.

"Die Übertragung des Wortes 'Schabe' auf die *Blatta* hat darin seinen Grund, daß dieses Insekt nachts alles Genießbare beschabt und benagt.

Sonst werden diese Insekten gerne nach ihrer vermeintlichen Herkunft benannt. Zur Zeit Dantes nannte man sie in Siena *fiorentini*, in Florenz *siennesi*. In Rovingo heißen sie *sciavi* (Slaven), in Sassari *cadalani* (Katalanen) ...

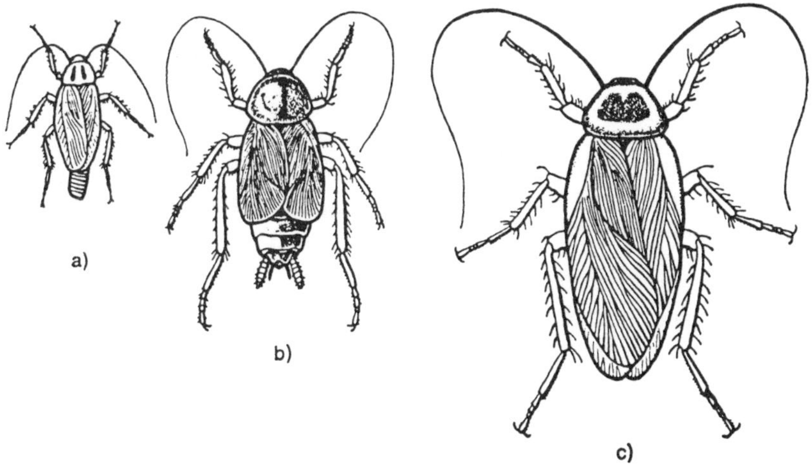

Drei prominente Mitglieder des "Völkerbunds der Schaben", in gleichem Maßstab gezeichnet: a) die deutsche Schabe, b) die orientalische Schabe, c) die amerikanische Schabe.

Auf die exotische Herkunft des Tieres deutet der Name Kakerlak (gackerlak, kakelak, kakelaker), ndl. kekkerlak, der mit dem Insekt aus Südamerika nach Deutschland kam und im Ndd. schon im 16. Jh. als Schimpfwort gebraucht erscheint.

Andere Namen des Insekts beziehen sich auf sein Vorkommen in Backstuben und Mühlen und seine Vorliebe für Brot. Es heißt Bäcker(in): neuprov. panatiéro, hier auch Béte des boulangers, mittelfr. grillon de boulanger; Müller: franz. meunier, ital. mulinaro, engl. miller's black beetle. Das französiche cafard paßt sehr gut zu cafi, Abfälle, von denen sich die Küchenschabe tatsächlich nährt...." [45]

Falls du öfters verreist und die Kakerlake auch in anderen Sprachen erwähnen möchtest:

- französisch: cafard
- spanisch: cucaracha
- italienisch: blatta
- russisch: farakan
- holländisch: kakkerlak
- chinesisch: chang-lang
- portugiesisch: bicho de conta
- dänisch: kakerlak
- norwegisch: kakerlakk
- schwedisch: mort
- polnisch: karaluch
- japanisch: abula mushi
- hebräisch: juke
- arabisch: ssarssour
- türkisch: karafatma (= 'schwarze Fatima')
- ungarisch: csótány
- serbisch: buba svaba – richtig, d.h. Schwabenkäfer. Auch im Ungarischen gibt es den:
- svábogár.

Die Deutsche Schabe

Sie sind 1 - 1,5 cm groß, lehmfarben und mit einer dunkelbraun melierten Brust. Sie haben über den Hinterleib herausragende Flügel, mit denen sie jedoch nicht fliegen, sondern nur segeln können. Die befruchteten Weibchen tragen blaßbraune Eipakete (*ootheca*), die im Durchschnitt 30 Eier enthalten, etwa vier Wochen hinten an ihrem Körper. Die Larven schlüpfen gleich nach Abwerfen des Eipaketes aus. Nach 2 - 3 Monaten Entwicklungszeit, in der sich die anfangs stecknadelkopfgroßen Jungtiere mehrfach häuten, werden sie geschlechtsreif.

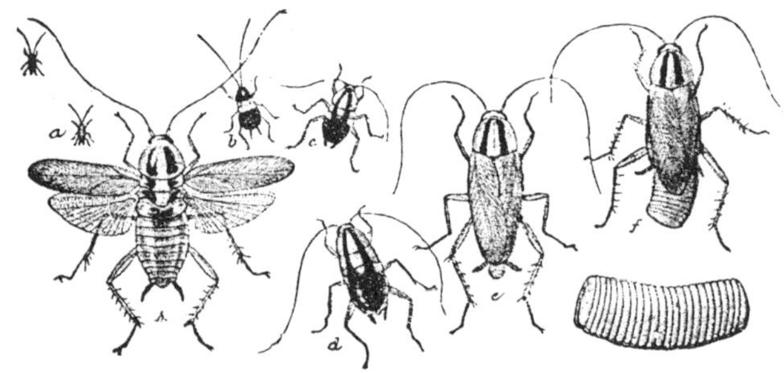

a–d *Jugendliche*
e *Mann*
f *Frau mit Eierkorb*
h *Erwachsener mit gespreizten Flügeln*
g *Eier, vergrößert*

Die orientalische Schabe

Die Männchen sind kastanienbraun und 2 - 2,5 cm groß, die Weibchen schwarz und 2,2 - 2,8 cm groß. Die Weibchen haben kurze, zurückgebildete Flügel, bei den Männchen bedecken sie 2/3 ihres Hinterleibes. Die Eipakete sind kastanienbraun und enthalten 16 Eier. Die Weibchen tragen die Eipakete 1 - 5 Tage mit sich, bevor sie sie ablegen. Die Jungtiere schlüpfen nach 2 - 3 Monaten aus. Bis zur ausgewachsenen Schabe braucht es 3 - 4 Jahre.

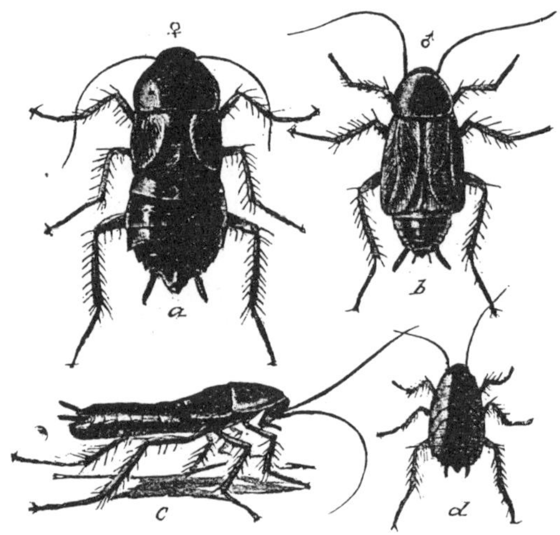

a *Frau*
b *Mann*
c *Seitenansicht*
d *Nachwuchs*

Die amerikanische Schabe

Sie ähnelt der deutschen, nur ist sie 2,7 - 3,8 cm groß. Sie ist rotbraun und hat ein rotgelbes Halsschild mit zwei braunen Flecken. Die Flügel überdecken den Hinterleib. Die Eipakete sind rotbraun und enthalten 15-20 Eier. Sie werden bis zu 6 Tagen herumgetragen. Die Larven schlüpfen 1-2 Monate nach der Ablage aus und brauchen 2-3 Jahre, um sich zu erwachsenen Schaben zu entwickeln. Sie können nachts fliegen.

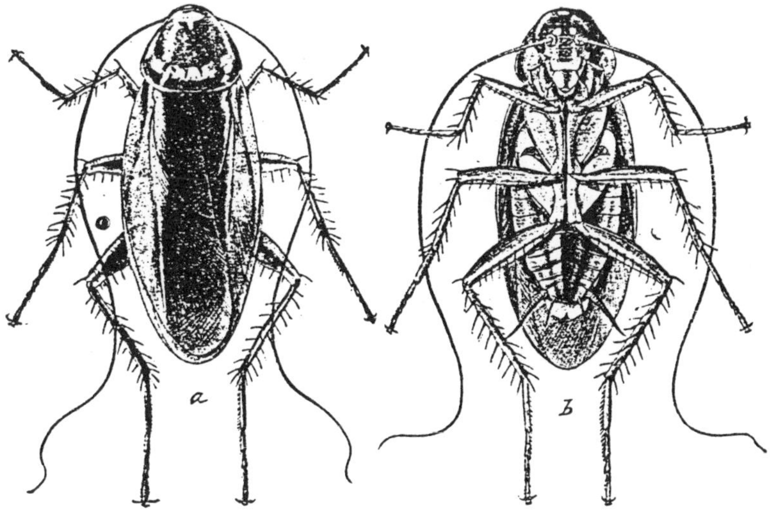

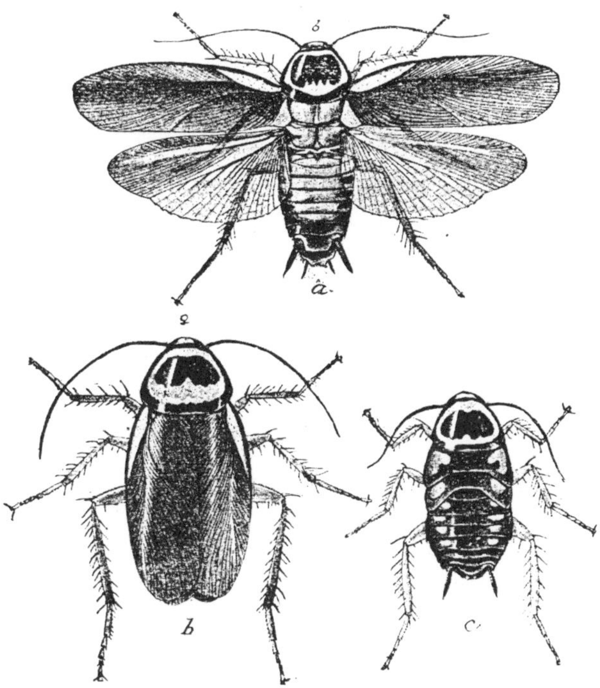

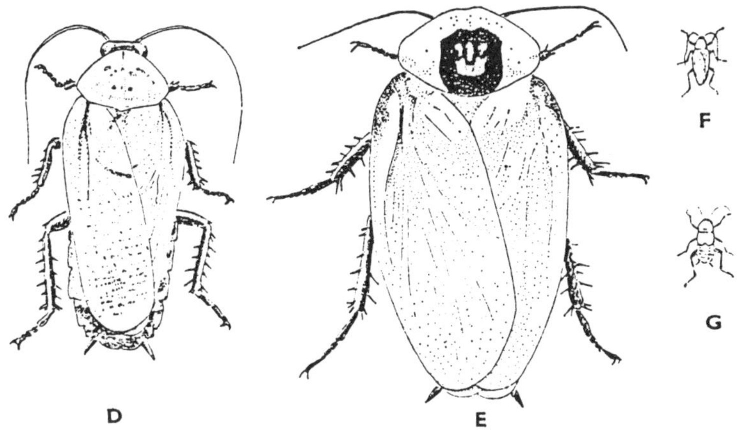

American Cockroach Mummy

a–c Familie der Gattung Australische Kakerlake
d–g sind Lateiner
d Leucoohaea maderae (Madeira Schabe)
e Blaberus cranifer (Burm.)
f Ectobius pallidus (Oliv.)
g Ectobius panzeri (Steph.)

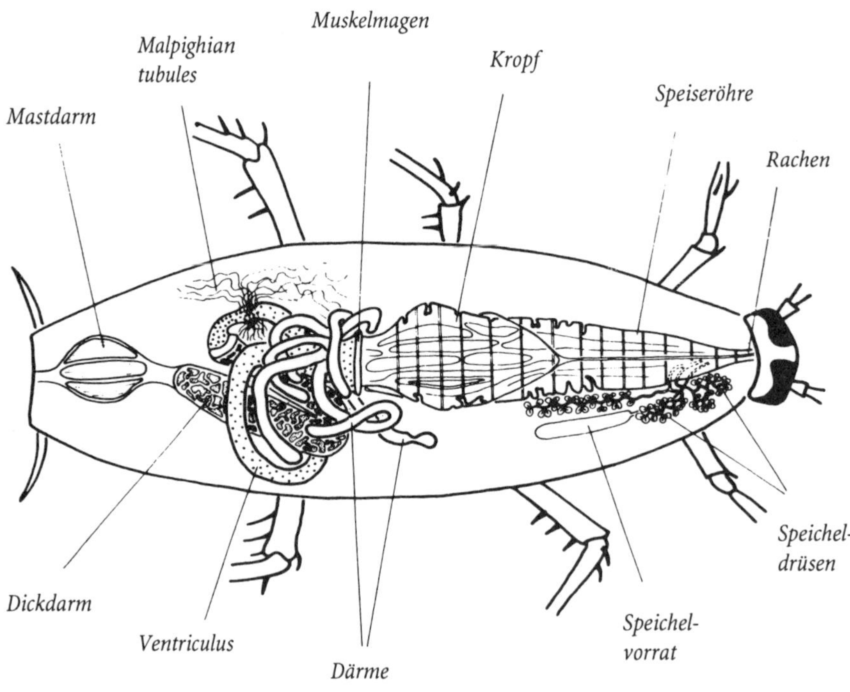
Muskelmagen
Malpighian tubules
Kropf
Speiseröhre
Mastdarm
Rachen
Speicheldrüsen
Dickdarm
Ventriculus
Speichelvorrat
Därme

5

Einmal Kakerlaken, immer & ewig Kakerlaken

Herkunft, Entwicklungs-Geschichten & Lebensraum

Die UrKakerlaken räkelten sich schon unter der Sonne, als es auf der Erde vielleicht nur einen riesigen Kontinent gab. Die ältesten Funde in Bernstein und Kohle stammen aus einer Zeit, die rund 350 Millionen Jahre vor der unseren liegt. Funde aus dieser Zeit, dem KarbonZeitalter, sind uns aus Brasilien, Sibirien, dem Ural und dem Baltikum bekannt.

Merkwürdig, daß die Biologen meinen, die Schabe als solche wäre Afrikaner. Es gibt wunderbare Bernsteinfunde, in denen sogar noch perlenartig Original Schaben-Fürze sichtbar sind. Damals gab es noch keine Bäume, nur riesige Farne. Blumen, Obst, Nüsse, Nektar und Pollen kamen erst etwa 200 Millionen Jahre später. Die Dinosaurier schnauften vor ca. 150 Millionen Jahren. Von den Kakerlaken gab es im KarbonZeitalter jedoch schon viele, sie machten damals bis zu 40% aller Insekten aus. Ein Prozentsatz, der heute auf max. 1% geschrumpft ist. Über viele Jahrmillionen beherrschten sie den Planeten - und werden es eines Tages eventuell wieder tun. Dann werden sie die Menschen schmerzlich vermissen.

Kakerlaken sind, bis auf die MadagaskarSchabe *(Gromphadorhina portentose)*, wahre Pazifisten: sie greifen niemanden an, sie verteidigen sich auch selten, zumindest nicht die Deutschen. Sie sind einfach. Jenseits von Raum & Zeit. Einmal Kakerlake, immer Kakerlake. Auch wenn sich die verschiedenen Stämme im Laufe der Jahrmillionen modifizierten. So hat sich aus der UrKakerlake im Laufe der Jahrhundertmillionen ein ganzes Heer verschiedener Höhlen-, Haus-, Wald- & Wiesenkakerlaken entwickelt.

Es mag zwei Millionen Jahre her sein, als die Symbiose Mensch & Kakerlake begann. War es in Afrika oder China daß die ersten Höhlenmenschen Besuch von ihren kleinen sechsbeinigen Freunden erhielten? Wann auch immer die ersten Humanoiden Vorräte anlegten, sie taten dies jedenfalls nicht nur für sich.

James Rehn von der Akademie der Naturwissenschaften in Philadelphia betätigte sich als eine Art Sherlock Holmes der Schaben. Er spürte ihnen nach und stellte fest, daß die *amerikanische Schabe* und ihre nahe Verwandte, die *australische*, zu einer Gruppe gehören, die wild hauptsächlich im tropischen Afrika vorkommt. Nach seiner Ansicht kamen diese Arten, zusammen mit der *Madeira Schabe* und einigen anderen, frühzeitig auf Sklavenschiffen von Afrika nach Amerika. Auch die *orientalische Schabe* hat wildlebende

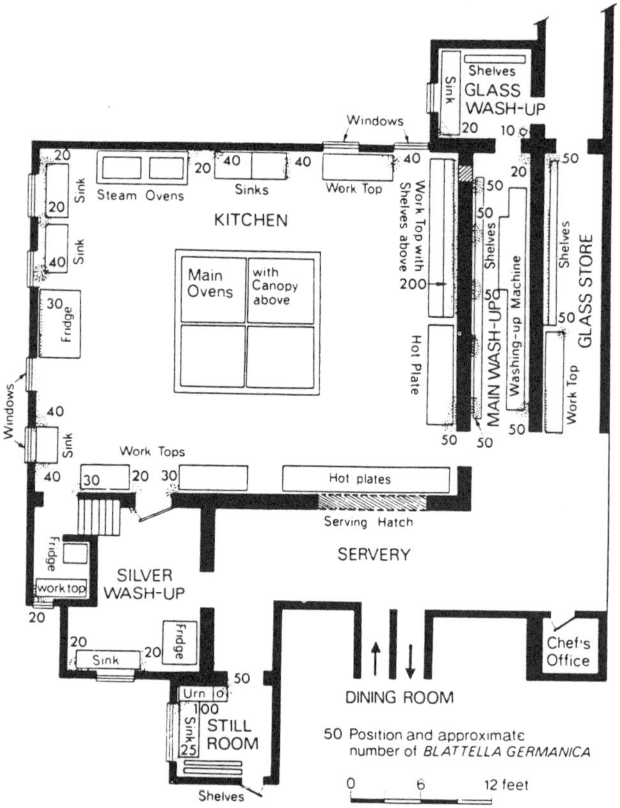

Plan einer von Deutschen Kakerlaken besetzten großen Hotelküche in London

Verwandte in Afrika, doch muß sie schon vor sehr langer Zeit nach Europa gelangt sein, vielleicht auf phönizischen Schiffen. Nach Südamerika wurde sie vermutlich später auf spanischen Galleonen gebracht, während englische Schiffe sie nach Nordamerika brachten.

Auch die *deutsche Schabe* kam laut Rehn und anderen Fachleuten aus Nordafrika, aber etwas später als die orientalische.[16] Wie aber erklärt uns das die in Bernstein mumifizierte Schabe aus Brasilien, deren Alter auf 350 Millionen Jahre datiert wird?

Von der Küchenschabe wissen wir, daß sie in einer warmen Zwischeneiszeit zu uns gevölkerwandert sein muß. Man fand ihre ältesten Spuren in einem Torflager in Hohenwestedt in Holstein. Es bleibt dabei offen, ob Norddeutschland damals zu ihrem natürlichen Verbreitungsgebiet gehörte, oder ob sie dorthin schon als Begleiter des Menschen gelangte.

Aber vielleicht gab es vor Jahrmillionen ja doch nur einen Kontinent, der zerbrach und in mehrere Teile auseinander driftete. Vertreter dieser These vermuten diesen Vorfall im Mittelalter der Kakerlakengeschichte. Lang, lang ist's her.

Schon vor deutschen Touristen gab es die Deutsche Kakerlake

Die Deutsche Kakerlake wird auch 'the worlds most successful commercial traveler' genannt, der erfolgreichste Reisende schlechthin. Es gibt kaum ein Land dieser Welt, in dem sich keine Clans der *Blattella germanica* aufhalten, da kommen auch die anderen Kakerlaken nicht mit. Schon früh an die Seefahrt gewöhnt, fühlen sich die erfolgreichsten Blinden Passagiere offensichtlich auch in Flugzeugen wohl. Hauptsache warm & feucht.

Zu einer globalen Berühmtheit brachten es "die spukhaften Sechsbeiner auch auf Passagier-, Handels-, und Kriegsschiffen. Überliefert ist, daß der berühmt-berüchtigte Captain Bligh auf seinem nicht weniger verrufenem Schiff HMS *Bounty* im Jahr 1789 der Schabenplage einmal dadurch Herr werden wollte, daß er kochendes Wasser in ihre Verstecke gießen ließ. Wie als Antwort darauf vernichteten die Schaben seine Schiffsladung junger Brotfruchtbäume."[33]

Als man zwischen 1960 - 63 über 1000 Schiffe im Hafen von New Orleans untersuchte, fand man auf 207 Booten insgesamt 9 verschiedene Kakerlaken, darunter auf 9 Schiffen die *Periplaneta americana*, aber auf 188 Booten die *Blattella germanica*.[30] Eine Dominanz, wie sie selbst deutsche Touristen heute in Mallorca nicht erreichen.

Die Deutsche Kakerlake geht auch in die Tiefe, den wahren Underground. Man fand sie u.a. in ca 750m Tiefe in einem englischen Bergwerk, wie auch in südafrikanischen Goldminen. Laut Untersuchungen der Uni Rennes, leben manche Kakerlakenarten schon so lange in Höhlen, daß ihre Flügel und Augen total verkümmert sind.

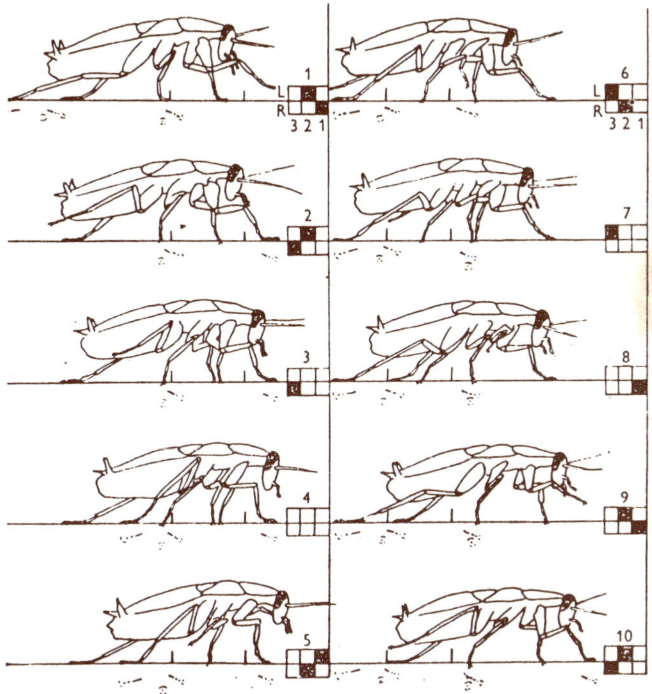

Auch so kann man weit kommen: Die schwarzen Kästchen zeigen an, welches Bein gerade keinen Bodenkontakt hat.

Der Weg ist das Ziel

Da staunen selbst Hase & Igel, denn ihre sechsbeinigen Kollegen brauchen garnicht erst loszulaufen, um schon am Ziel angekommen zu sein. Dabei ist der Weg das Ziel - denn sie sind überall, wie auch *Der Spiegel* über Kakerlaken in Deutschland festellte: "Tagsüber lauern sie in Ritzen und Spalten, erst nachts krabbeln sie hervor. Sie nisten in Fernsehern, im Schuhschrank, im Telefonhörer, sie naschen am Marmeladenglas, schwimmen im Klobecken oder knirschen, wenn man ins Weißbrot beißt. In Großküchen von Kasernen, Hotels und Krankenhäusern sind sie Dauergäste. Sie haben den Pentagon unterwandert und komplette Wohnblocks in Hamburg, Köln oder München und ein ganzes Dorf in der Nähe von Stralsund.

'Die Schaben', weiß der Biologe und Insektenspezialist Haschem Haschemi, 'sind auf dem Vormarsch'. Seit 16 Jahren studiert der Wissenschaftler das lichtscheue Tier, arbeitet seit langem in seinem Forschungszentrum auf der Mülldeponie in Schwäbisch Hall daran, eine Erklärung für diesen Siegeszug zu finden. Jetzt legt er seine Ergebnisse vor: Der Mensch, so sein Befund, macht dem Ungeziefer das Leben angenehm. Und der Krabbler hat sich perfekt an hiesige Verhältnisse angepaßt."

In Austin, Texas fand man in 80% aller Toiletten diese flinken Recycler.

Schon 1887 gab es in New York ein Grundsatzurteil das besagt, daß kein Mieter einer Wohnung in dieser Stadt überrascht sein darf, falls sein Appartment Cockroaches als ungebetene Untermieter hat. Oder wie sagte es David Letterman, "When you live in New York, you live knee deep in roaches." Das ist etwas übertrieben, laut Statistik kommen auf jede Wohnung in NY im Schnitt 'nur' 2500 Schaben. Auch das Hauptquartier der Vereinten Nationen ist unterwandert, wie die Sprecherin des ehemaligen Generalsekretärs der Vereinten Nationen, Butros Butros-Ghali, bestätigte. Dessen Neffe ist in Kairo übrigens zu einer langen Haftstrafe wegen LSD-Handel verurteilt worden. Das hat zwar nix mit dem Thema zu tun, ist aber trotzdem interessant.

Auch in Biosphere II, dem Versuch, in einer künstlichen RiesenKuppel ein irdisches Environment als Vortest für das Leben in einer Weltraumstation zu simulieren, erlebte man ein Kakerlakenwunder. Viel ging bei dem Experiment schief, so daß es schließlich beendet werden mußte.

Laut dem *New Scientist* (18. Mai 96) suhlten sich dort nur die Kakerlaken. Man verzichtete von vornherein auf die Deutsche Kakerlake, und setzte stellvertretend für alle anderen, die Wüstenkakerlake und die Madagaskar Schabe aus. Beide gingen ein. Statt dessen wurden sowohl die australische wie auch die surinamesische Kakerlake, die sich irgendwie hineingeschmuggelt hatten, zu einer Plage, die fast alle anderen Insekten zur Aufgabe zwangen.

Space Roach

Als Forscher Rehn 1945 sein vielbeachtetes Werk 'Die Kakerlake - Des Menschen ungebetene Mitreisende' herausgab, ahnte er wohl nicht, wie weite Wege die Kakerlaken zusammen mit dem Menschen noch zurücklegen würden. Bei einem Check des KommandoModuls für die Weltraumexpedition Apollo XII fand Commander Charles Conrad jr. eine Kakerlake an Bord. Er vermerkte diesen Fund in seinen Unterlagen, aber die Rakete war schon auf dem Weg zum Mond, als dies offiziell registriert wurde.

Die NASA hat keine weiteren Informationen über den Verbleib des Space-Roach freigegeben. War er allein? Kam er wieder mit den Astronauten zurück? Schaffte er es, rechtzeitig auf die Mondlandefähre um-, und auf dem Mond auszusteigen? Werden künftige Mondreisende statt dem Mann im Mond dort die Blattella Lunatica antreffen? Nur ein Scherz, oder. Natürlich fehlt ihnen dort die Feuchtigkeit. Man hat zwar gerade Wasser auf dem Mond gefunden, aber nur auf der Rückseite tiefgefroren.

Es verblüfft allerdings, daß Kakerlaken schon auf eine Mond-Kompatibilität hin getestet wurden: Als die NASA erste Staubproben vom Mond zurück brachte, war man sich nicht sicher, ob diese nicht irgendwie giftig oder für irdische Organismen gefährlich seien. Also verfütterte man etwas von dem pulverisierten Mondstein an Kakerlaken. Diese zeigten keinerlei negative Anzeichen und auch als man sie später aufschnitt, entdeckte man keinerlei Abnormalitäten in ihren Innereien.[48]

Also: der Mond ist ungiftig. Dieses Wissen verdanken wir den Schaben.

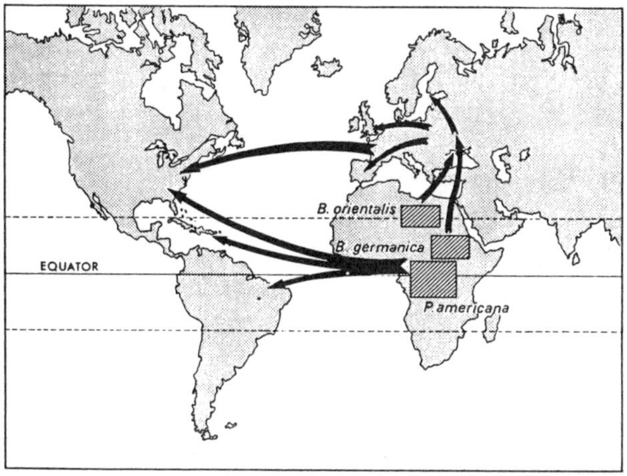

Wahrscheinliche Wanderwege der Altvorderen unserer heutigen Kaklerlaken.

Migration

Wird es einem Kakerlaken-Clan zu eng, sucht er sich neuen Lebensraum. In Häusern mag es nach oben oder unten gehen, meistens breiten sich die Tiere jedoch horizontal aus. Massenevakuierungen sind selten beobachtet worden. Das mag auch daran liegen, daß diese meist bei Nacht & Nebel geschehen.

Im *Los Angeles Magazine* fand sich 1995 folgende Beobachtung: "Downtown kommt es in warmen Nächten manchmal vor, daß tausende auf der Suche nach Nahrung aus der Kanalisation aufsteigen. Wie eine zweite Haut überziehen sie das Kopfsteinpflaster von stillen Seitenstraßen, zwängen sich unter den Türen von Restaurants durch. Im Rudel gleichen sie einer biblischen Plage von cinemascopischem Ausmaß." Rund 100 Jahre vorher beobachtete der Insektenforscher Leland Howard eine Masseninvasion Deutscher Kakerlaken in Washington. "An einem dunklen, nebligen Tage des September 1893 brach von der Hinterseite eines alten Gasthauses aus eine gewaltige Armee von deutschen Schaben hervor, marschierte quer über die schlammige Straße, ließ sich dabei nicht abschrecken von Wasserpfützen, Aschenhaufen und anderen Hindernissen, und bewegte sich direkt südlich gegen die Front einer gegenüberliegenden Maschinenwerkstatt. Hier versuchten die Arbeiter unter Leitung ihres Werkzeugmeisters mit Besen die anstürmende Schabenschar wegzufegen, was ihnen aber nicht gelang, obwohl sie fegten, bis ihnen die Arme müde wurden. Erst als ein Streifen heißer Asche aus dem Ofen den Bürgersteig entlang gestreut wurde, gelang es, damit eine wirksame Barrikade zu errichten. So verbrannten sich die meisten Schaben ihre Antennen und Vorderbeine. Der Rest teilte sich jederseits der Aschenbarrikade und verschwand in den benachbarten Häusern. Der Ansturm der Schaben soll zwei bis drei Stunden gedauert haben, viele Tausende haben die Straße überschritten. Fast alle Individuen waren Weibchen, die Eipakete trugen."[35]

Der Anteil männlicher Kakerlaken bei Migranten beträgt etwa 20%. Kakerlakengruppen legen bei solchen Auswanderungen bis zu 1000 Meter zurück, vorzugsweise Richtung Süden - wie Touristen, immer der Sonne entgegen. Solche Wanderungen geschehen meist, wenn die Temperaturen zwischen 23 - 25°C betragen.[44]

Der Alltagsradius

Im Alltagsleben legen die meisten Kakerlaken in ihren zwei achtstündigen Aktivitätsphasen kaum jeweils mehr als 10m zurück. Nur aktive Männchen kommen auf dreißig Meter. Diese Strecken werden unabhängig

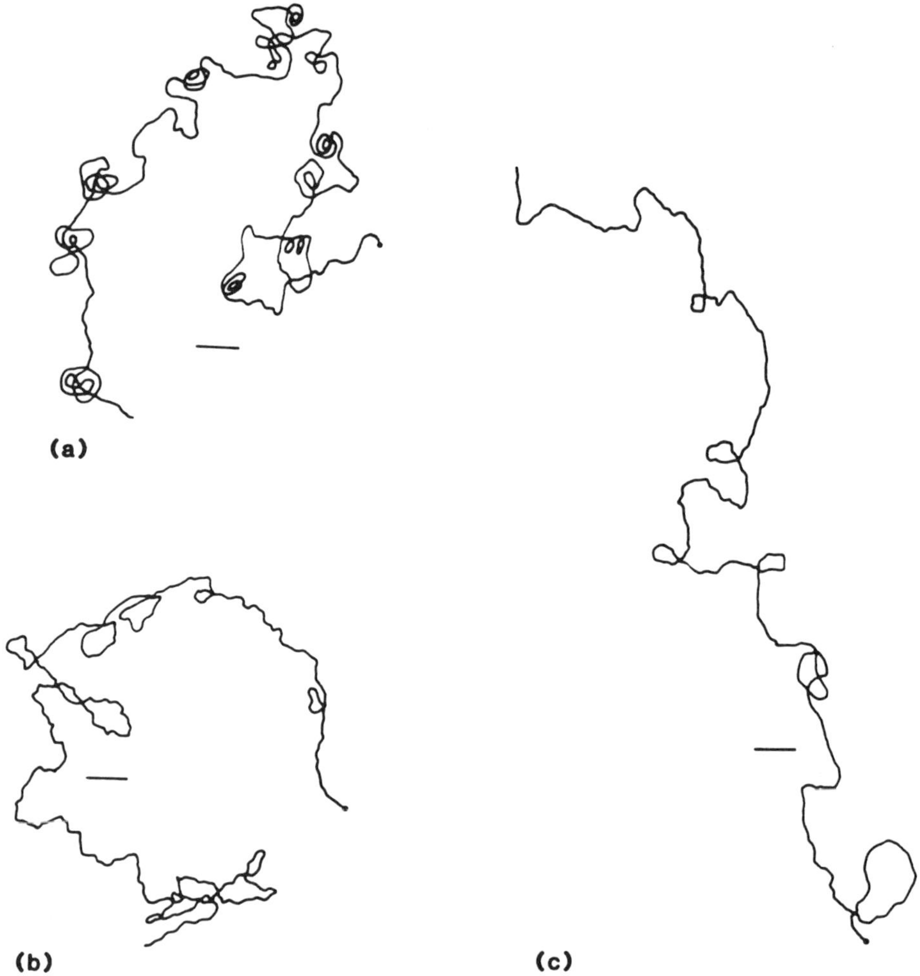

In windstillen stimulifreien Kammern wurden die Wege dreier Kakerlaken beobachtet, (a) B. Cruniifer, (b) P. americana, (c) B. Germanica. Der Strich bedeuten umgerechnet 1 m Wegstrecke. Alles geschah in 1000 Sekunden.

von der Nahrungslage oder Bevölkerungsdichte zurückgelegt. Je mehr aktive männliche Tiere in einer Gruppe sind, um so aktiver sind auch alle anderen Gruppenmitglieder.

Während die amerikanischen Kollegen eine Geschwindigkeit von über 5 km/h erreichen, ist die Dt. Kakerlake ihrer Größe entsprechend etwas langsamer. Sie schafft es, maximal etwa 30cm pro Sekunde zurückzulegen. Dabei bewegen sie immer nur drei Beine auf einmal. Dieses Laufsystem gibt ihnen mehr Stabilität. So können sie auch bei vergleichsweise hoher Geschwindigkeit jederzeit abrupt anhalten, ohne wie unsereins ins Stolpern zu geraten. Auf die Körpergröße umgelegt ist eine amerikanische Kakerlake etwa zehnmal so schnell wie ein Mensch.

Lebensraum

Grundsätzlich fühlt sich *Blattella germanica* überall heimisch, wo es feucht, warm (zwischen 20 - 30°C) und nahrhaft ist - gleich ob im Freien oder innerhalb von menschlichen Behausungen. Kakerlaken trifft man überall in der Zone zwischen 30° nördlich und 30° südlich des Äquators, jenseits dieser Gebiete nur innerhalb von Gebäuden und Fahrzeugen.

In Costa Rica gibt es 150 Arten, in Malaysia fand man 376 Spezies, in Südafrika 125, in Australien 175. In Europa hat man, trotz großer Bemühungen, nur 75 Arten gefunden, von denen auch nur fünf eine auffallende Rolle spielen. Am vordringlichsten die deutsche, die amerikanische und die orientalische Kakerlake. Nur 1% der fast 4000 Arten betreten Häuser, der Rest sorgt für die Umwandlung von Bioabfall in der Natur.

Optimal für die domestizierten Schaben sind in unseren Breitengraden Großküchen mit viel elektrischen Geräten, denn diese bieten Wärme und Schutz. Aber auch Lagerräume, Abfallsammler, Kühlschränke etc., sind bevorzugte Lebensräume.

Ich habe Fotos von amerikanischen Getränkeabfüllstationen gesehen, da wurde einem ganz braun vor Augen. Moderne Supermärkte sind auch ein Schlaraffenland für Sechsbeiner: Von den Zubereitungs- und Verpackungsräumen, über die verschlossenen Innenräume von Kühltheken bis hin zu den Kassenlaufbändern findet die Kakerlake eine Unmenge sehr praktischer Verstecke - und an Nahrung fehlt es in Supermärkten den Tieren so wenig wie dem Menschen.

Orte wie Restaurants, Küchen und Supermärkte müßten eigentlich alle paar Wochen gründlich durchgiftet werden, um der Sechsbeiner Herr zu werden. Da die Gifte aber auch für den Menschen schädlich sind, versucht man die Thematik häufig einfach zu verdrängen. Wer sich die umfangreiche Bibel der Feinde der Deutschen Kakerlake, *Understanding and Controlling the German Cockroach* durchliest, wird sicherlich für einige Zeit jegliche Supermärkte und Großküchenbetriebe aller Art meiden. Paranoiker, Opfer von Verfolgungswahn und Alpträumen kommen hier voll auf ihre Kosten.

Amerikanischer Senat deutsch-braun unterwandert!

Im Jahre 1982 hatten sich die Deutschen Schaben im amerikanischen Repräsentantenhaus so breit gemacht, daß eine Sonderkomission eingesetzt wurde, um ihrer Herr zu werden. Das war nicht einfach, denn durch die permanente Kammerjägerei waren diese Kakerlaken sehr repräsentativ immun geworden. Man fing einige ein und testete sie in einem Speziallabor des Landwirtschaftsministeriums auf ihre Resistenz. Es wurde allerdings nicht verraten, ob es gelang, ihre Immunität aufzuheben.

In jenem Labor zumindest leben sie, inzwischen ca. 65. Generationen seit ihrer Entführung aus Washington. Sie werden als die widerspenstigsten Schaben, die man bislang gefunden hat, gehegt und gepflegt.

Deutsche Kaks im GlobalAsyl

Ein früher Einwanderer nach Nordamerika, ein Insekt, das gefürchtet und verflucht wird wie kaum ein anderer Einwanderer auf diesem Kontinent, ist die *Blattella germanica*. Sie ist eine Eingeborene aus jenem Land, aus dem es viele Wesen versucht haben, die Welt zu erobern und sich untertan zu machen. Aber nur sie hat es geschafft ... Einer der wenigen Plätze, wo die Deutsche Kakerlake nicht unter ihrem weltweit bekannten Namen benannt wird, ist Deutschland ...

Robert Froman, Our Fellow Immigrants

Eine Kakerlakenversteinerung aus einem englischen Kohlefeld.

Küchenschabe

医

shǐh

shǐh = 矢 Pfeil, Wurfpfeil

hsǐ = 匸 bedecken, verstecken

动 Kakerlak

szě^1 (lih^4)

szě = selbstsüchtig

lih = Kraft

ih = eins

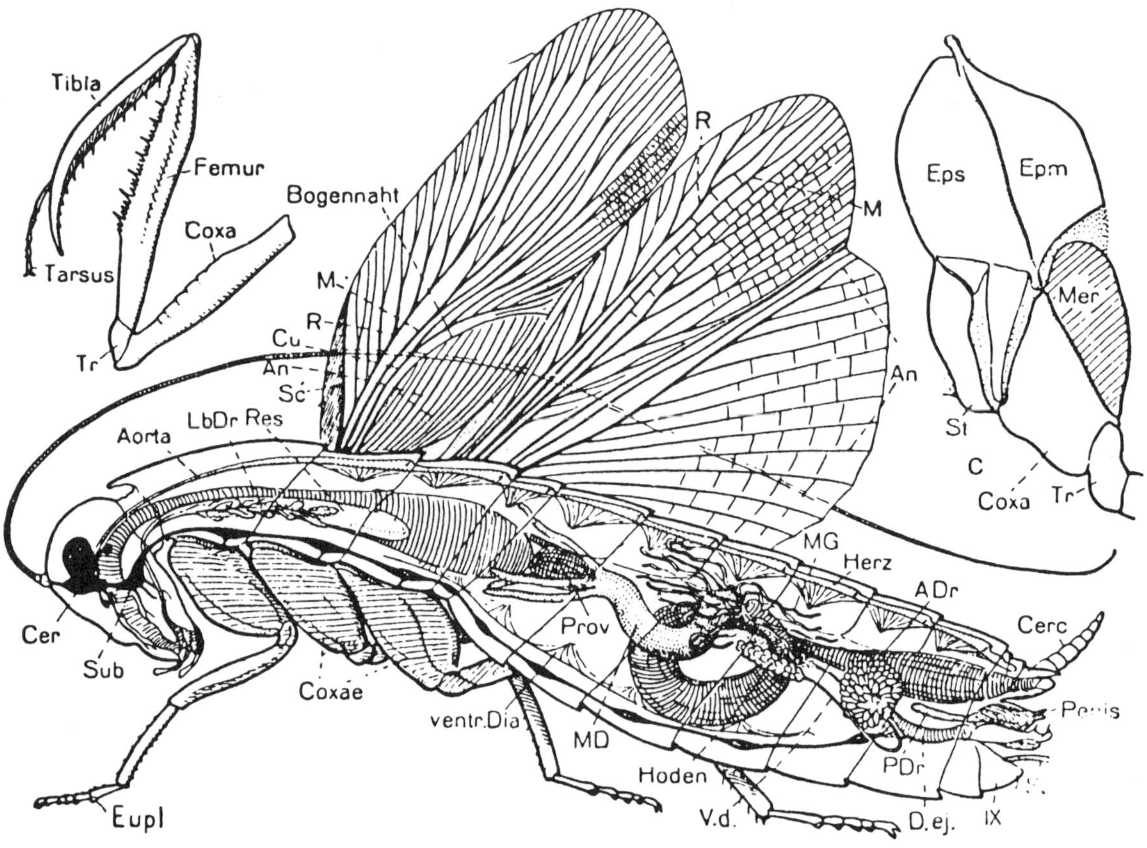
Tibia
Femur
Coxa
Tarsus
Tr
Bogennaht
M
R
Cu
An
Sc
LbDr
Res
Aorta
R
M
An
Eps
Epm
Mer
St
C
Coxa
Tr
MG
Herz
ADr
Cerc
Cer
Sub
Prov
Coxae
ventr.Dia
MD
Hoden
PDr
V.d.
D.ej.
IX
Eupl

6

Harte Schale, weicher Kern & zwei Nervensysteme

Körper, Sauberkeit & tägliches Leben

Wenn man bedenkt, daß sich der Mensch innerhalb nur eines Jahrhunderts stark verändert (vergleiche deine Körpergröße mit der deiner Vorfahren), so ist es schon erstaunlich, daß die Kakerlake über Jahrmillionen ihre Form & Größe beibehalten hat. Als gäbe es nichts mehr an ihr zu verbessern. Sie sind optimal effektiv. Oder? Wo der Mensch versucht, sich durch Genmanipulationen zu verbessern, hatte die Kakerlake genügend Zeit zu reifen.

"Man stellt innerhalb der Insektenordnung die **Deutsche Kakerlake** unter die Familie der *Blattiden*, deren Charakteristika sind:

Körper plattgedrückt, eiförmig, Kopf herzförmig, nach hinten gerichtet, fast völlig von dem schildförmigen queren Pronotum bedeckt. Lange schnurförmige, gegen die Spitze allmählich dünner werdende Fühler, große nierenförmige Facettenaugen; von den Nebenaugen fehlt das mittlere, die seitlichen sind nur durch helle Punkte an der Innenseite der Fühler angedeutet; Laufbeine mit breitgedrückten Hüften und Schenkeln, Hüften zusammenstoßend, Schienen stark bedornt, 5 Tarsenglieder, an der Unterseite jedes Gliedes ein Polster, das 5. Glied mit zwei Krallen und einem Haftläppchen..." [35]

Dem Kopf stehen lange, sensible Fühler vor. Jedes der 130 Segmente ist mit mehreren Rezeptoren für Temperatur, Bewegungen und Geruch ausgestattet. Die FacettenAugen bestehen aus rund zweitausend achteckigen Linsen. Die meisten Arten haben noch ein zweites Paar Augen, die für die Erkennung von hell und dunkel verantwortlich sind. Im Mund befinden sich starke Kauwerkzeuge und Nahrungstester, die herausfinden, ob etwas eßbar ist oder nicht. Außerdem sind am Mund die Reinigungsbürsten für die Fühler und Beine angebracht.

Die wundersamen Beine bestehen aus drei Gliedern: Die Oberschenkel sind durch ein Scharnier mit dem Körper verbunden, die Knie bestehen aus Kreuzgelenken und die Füße sind durch Kugelgelenke mit den Beinen verbunden. Die 'Ohren' befinden sich in den Kniebeugen. Sie sind so sensibel, daß sie das Getrampel anderer Kakerlakenbeine hören können.

Unter den stabilen Deckflügeln befindet sich ein Paar sehr feiner Flügel.

Ein einteiliger Chitinpanzer schützt den ganzen Körper. Dieser wiederum wird durch verschiedene Öle

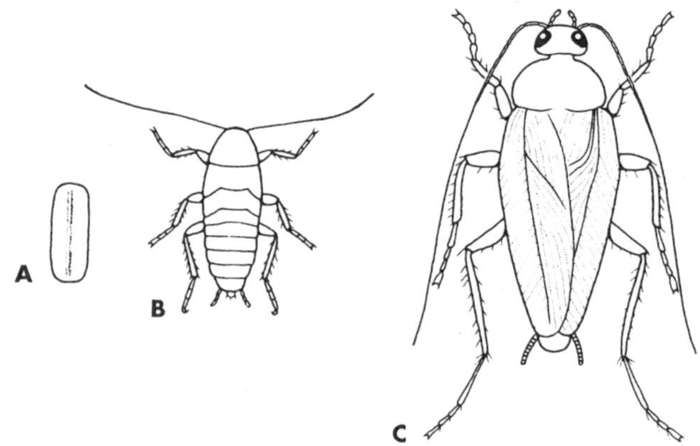

Schematische Darstellung der Stadien im Entwicklungszyklus der Deutschen Schabe (Blatella germanica). **A.** *Oothek (Eipaket mit 20–40 Eiern).* **B.** *Ungeflügelte Larve.* **C.** *Geflügeltes Adultstadium (beide Geschlechter besitzen Flügel).*

und Wachse wasserdicht gehalten. So isoliert die Kakerlake ihren Körper gegen die Verdunstung von Flüssigkeiten von innen und vor Staub und Krankheitsträgern von außen.

Sie haben zwei Gehirne, aber kein zentrales Nervensystem. Zwei Paar Nervenstränge sitzen im Kopf, ein weiterer im Schwanz. Diese beiden Nervenzentren sind durch RiesenFasern miteinander verbunden, die an Durchmesser sogar menschliche Nervenfasern übertreffen. Dieses System ermöglicht es den Kakerlaken, auf jedes Signal in Blitzesschnelle zu reagieren, schneller als ein menschlicher Wimpernschlag. Konkret: Die Schabe ist in der Lage, auf den Windhauch, der einer Fliegenklatsche vorausgeht, so zu reagieren, daß ihr noch Zeit zum Weglaufen bleibt.

Das Herz sitzt im Hinterteil. Es pumpt das fast farblose 'Blut' durch ein offenes System, ohne Arterien oder Venen. Diese mit Nährstoffen aus der Verdauung angereicherte Flüssigkeit umspült alle inneren Organe und nimmt auf diesem Weg auch gleich die überflüssigen Abfallstoffe mit zum Darm.

Der schlanke Hinterleib des Männchens besteht aus 9 Rücken- und 8 Bauchplatten. In der 7. und 8. Rückenplatte liegen die Drüsentaschen, die bei der Kopulation eine Rolle spielen. Dazu im nächsten Kapitel mehr.

Die Weibchen haben einen breiteren, aber auch kürzeren Hinterleib, mit nur 6 Bauchplatten.

Die Larven machen sechs Häutungen durch, bis sie Geschlechtsreife erlangt haben. Sie unterscheiden sich vom Vollinsekt durch den Mangel an Flügeln und äußeren Geschlechtsorganen. Zwischen dem Schlüpfen aus dem Ei und der Geschlechtsreife vergehen knapp sechs Monate. Die Deutsche Kakerlake verdrängt auf Grund ihrer größeren Eierzahl und kürzeren Entwicklungszeit meistens andere Kakerlakenarten.

Mit der stabilisierenden Hilfe ihrer Flügel können Dt. Kakerlaken bis zu 10 cm weit springen.

Die Kakerlake meidet Wasser. (Völlig untergetaucht kann sie jedoch bis zu 3 Std. überleben).

Die Wahrnehmung

Einige der außergewöhnlichen Fähigkeiten der Kakerlake sind es wert, genauer betrachtet zu werden. Die stammesgeschichtlich aus Haaren entstandenen Sensillen z.B. sind erst letzthin mit Hilfe der neuen elektrophysiologischen Forschung dechiffriert worden. Man hat herausgefunden, daß in einer Sensille mit mehreren Sinneszellen chemische und mechanische Reizempfänger vereint sein können.[17] Diese Hörhaare lassen eine Kakerlake innerhalb von einer 54tausendstel Sekunde mit Flucht reagieren. Die nahezu 100.000 Chemorezeptoren auf den Flügelgeißeln befähigen das Tier, Freßbares von Giftigem, Süßes von Salzigem zu unterscheiden.[33] Das Licht wird zwar mit den Augen wahrgenommen, aber auch der ganze Körper ist lichtempfindlich. Um das heraus zu finden, hat man Kakerlakenaugen mit Lack geblendet.[17]

"Insekten verständigen sich wie viele andere Tiere auch mit Hilfe chemischer Signale (Pheromone). Eine besondere Rolle spielen dabei sexuelle Lockstoffe, die meist von Weibchen freigesetzt werden und unwiderstehliche Anziehungskraft auf die Männchen ausüben. Um aber nicht auch Feinde anzulocken, arbeiten die biologischen Sender und Empfänger mit verschwindend geringen Konzentrationen. Die amerikanische Schabe wittert einen Duft, wenn nur 500 bis 1000 Moleküle pro Mililiter Luft in ihre Geruchsorgane gelangen - ein Mensch dagegen bräuchte mindestens 100 Millionen Moleküle." *(Die Woche)*

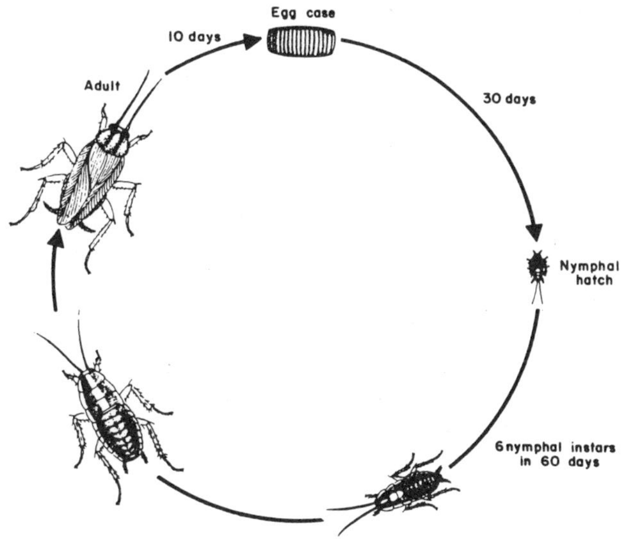

Das Entwicklungsrad einer Schabe.

"Er schrubbte energisch den Kopf, wusch dann seine beiden Schnüffelruten und zählte jedes Segment, während es zwischen seinen Lippen hindurchglitt, 356 Segmente insgesamt, von denen ein jedes ein bißchen Information über seine Umwelt aufzunehmen hatte. Als nächstes wusch und schrubbte er seine Schwanzreifen mit den hinteren Krabblern, prüfte jede Zange, bewegte sie und ließ sie dann aufrecht stehen, denn obwohl seine Schwanzreifen nicht länger Geräusche absorbieren konnten, waren sie immer noch zur vollen Erektion imstande. Er konnte sie, falls nötig, auch dafür benutzen, rückwärts seinen Weg zu ertasten, als umgekehrte Schnüffelruten sozusagen. Woher weiß eine sorgfältige, auf gepflegtes Erscheinen bedachte Kakerlake, wann ihre Reinigungsprozedur beendet ist? Von den 178 Segmenten auf jeder Schnüffelrute haben die beiden letzten, die ganz vorn an der Spitze sitzen, nur die Funktion, die eigene Sauberkeit, Gepflegtheit und Duftnote zu beurteilen. Sam würde, wie jede andere Kakerlake auch, lieber seine beiden Schwanzreifen hergeben und stocktaub sein, als auf die Spitzen seiner Schnüffelruten zu verzichten. Wann auch immer ein Geschöpf sie verliert, sei es durch einen Unfall, Kampf oder weil es sie nicht sauber halten kann, wird dieses Individuum mit ziemlicher Sicherheit schmutzig, stinkend und zerrupft herumlaufen ... bis ihm die neuen Spitzen nachgewachsen sind."[4]

Sauber, sauber

Das dümmste Vorurteil ignoranter Menschen gegenüber den Kakerlaken ist, daß diese dreckig seien. Weit gefehlt. Ganz im Gegenteil. "Warum putzt sich die deutsche Schabe so häufig?" fragt Kakerlakenforscher Wille. Sein Kollege Graber glaubt, aus Langeweile, aber man kann davon ausgehen, daß er selber nicht in der Lage war, all die, vielleicht sogar gasförmigen, Verunreinigungen, derer sich die Kakerlake entledigen will, zu registrieren.

Allein das Durchziehen der Fühler durch das Mundwerkzeug kann zwischen fünf Sekunden und einer Minute in Anspruch nehmen. Wille hat sich die Zeit genommen, einen, wie er sagt, typischen Putzversuch der Schabe zu protokollieren. "In der Reihenfolge, wie die deutsche Schabe das Putzen ausführt, läßt sich insofern eine bestimmte Regel festlegen, als zuerst immer die Antennen, dann die Mundgliedmaßen, darauf die Vorderbeine und der Kopf, schließlich die anderen beiden Beinpaare und der Körper geputzt werden. Ein Putzen der Mundgliedmaßen wird sehr oft eingelegt, da diese ja durch das Ablecken und Abbürsten der anderen Gliedmaßen immer wieder beschmutzt werden.

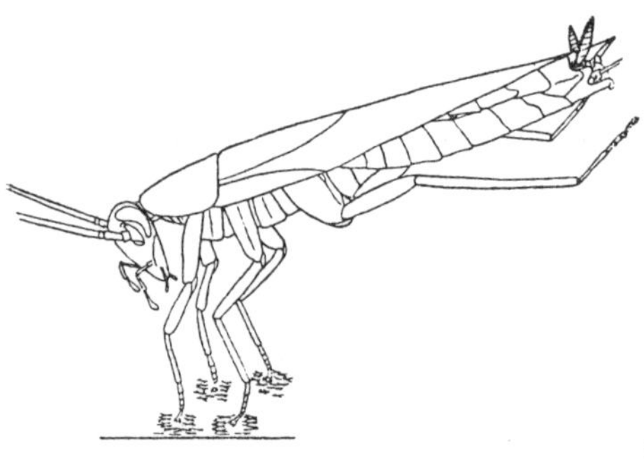

Saubere Landung eines Mannes mit gestutzten Fühlern.

4.00 Uhr nachmittags:
Weibchen, ohne Kokon, wird bei einer Temperatur von 22°C mit feingepulvertem Kalkstaub bestäubt. Unruhiges Umherlaufen des Tieres.
4.03 Tier ruhig sitzend. Linke Antenne dreimal ohne Pause.
4.04 Mundwerkzeuge rechts und links.
4.05 10 cm gelaufen, ruhig sitzend, linke Antenne einmal.
4.06 Rechte Antenne zweimal, ohne Pause, Mundwerkzeuge rechts und links.
4.07 Keine Bewegung, still sitzend.
4.08 Linke Antenne zweimal, kurze Pause.
4.09 Linkes Vorderbein einmal, Mundwerkzeuge.
4.10 Linkes 2. Bein zweimal mit kurzer Pause, rechtes Vorderbein einmal
4.11 Linkes 2. Bein dreimal ohne Pause.
4.12 Linkes 3. Bein einmal.
4.13 Linke Flügeloberseite, linke Abdominalseite.
4.14 Linke Antenne einmal, Mundwerkzeuge rechts.
4.15 Mundwerkzeuge rechts und links.
4.16 Linkes 3. Bein einmal.
4.17 Laufen (scheinbar durch Lufthauch gestört) bis
4.21 rechte Antenne einmal.
4.22-23 Kopfoberseite und Seitenteile viermal mit kurzen Pausen.
4.24 Linke Antenne einmal.
4.25 Mundwerkzeuge rechts und links"[35]

Blattella germanica Mutanten

Die zu Anfang dieses Kapitels gemachte Aussage über die Unveränderlichkeit der Kakerlake muß neuerdings relativiert werden. So berichtete der Spiegel: "Jetzt trägt die Deutsche Kakerlake ihren Namen zu Recht: sie ist mutiert. *Blattella germanica* hat im kühlen Europa zu überwintern gelernt. Entstanden sind die Mutationen, vermutet Biologe Haschemi, in Mülldeponien. Dort leben Millionen oder gar Milliarden von Schaben; so setzen sich genetische Veränderungen schneller durch. Schuld an den Variationen hat womöglich die Chemie: Auf der Deponie geraten die Blattella-Populationen mit Farben, Säuren, Schwermetallen in Kontakt - Substanzen also, die auf das Erbgut einwirken können. "Es ist anzunehmen", sagt Haschemi, "daß auf diesen Wegen neue Rassen entstehen, die, unter anderem, kälteresistente Eigenschaften aufweisen."" Cool.

Atomkraft - Na und?

Wenn man sich Gedanken über das Ende der Welt macht, kreisen diese meist nur um das Ende der Menschheit. Denn wie will Planet Erde untergehen? Egal, was wir ihr antun, sie wird als Lebensform nicht einfach verschwinden. Das haben zumindest Versuche der US Armee ergeben.

Diese verrät uns allerdings nicht, wann die tödliche Strahlendosis für Menschen erreicht ist, obwohl sie es eigentlich spätestens seit ihren öffentlichen Versuchen in den 50er Jahren in Nevada wissen müßte. So viel aber haben uns die Militärs verraten: ein Pferd stirbt, wenn es 350 rad ausgesetzt wird. Man vermutet, daß beim Menschen etwa 400 - 1000 rad für den schnellen Tod ausreichen, bei 300 rad werden Zellen folgenschwer geschädigt..

Im Labor hat man nun sowohl amerikanische, wie auch deutsche Kakerlaken unterschiedlichen Dosierungen ausgesetzt. Viele der Deutschen Kakerlaken überlebten 6400 rad, 9600 rad überlebten kaum welche länger als 35 Tage. Bei 830 rad schienen alle amerikanischen Kakerlaken bis ins Alter zu überleben und eines natürlichen Todes zu sterben. Die durchschnittliche Todesdosis lag bei 3200 rad. Aus jener Kakerlakengruppe, die man 10.000 rad aussetzte, lebte nach zwei Wochen noch die Hälfte! Es wurde nicht verraten, wie lange diese Gruppe überlebte, aber sicherlich lang genug, um noch in Ruhe ihre Eier abzulegen. Bei den nachgewiesenen Mutations- und Überlebensfähigkeiten unter Streß ist zu erwarten, daß also das eine oder andere Kakerlakchen eine nukleare Attacke, wenn auch nicht völlig unbeschadet, so doch irgendwie überleben wird. Zum Vergleich: bei dem Abwurf der Hiroshima-Bombe wurden in 20km Entfernung noch 1200 rad gemessen - für Kakerlaken offensichtlich kein Problem.[47,48]

Züchten statt killen

Mit etwas Kenntnis in der Biologie kann man sich seine eigenen Kakerlaken daheim züchten. Dazu verwendet man einen Glas- oder Plastikbehälter von 30 cm Höhe und mindestens 20 x 40 cm Grundriß. Ein trockengelegtes Aquarium eignet sich hervorragend. In dieses Behältnis bringt man nun eine Bodenlage von ca. 5 cm

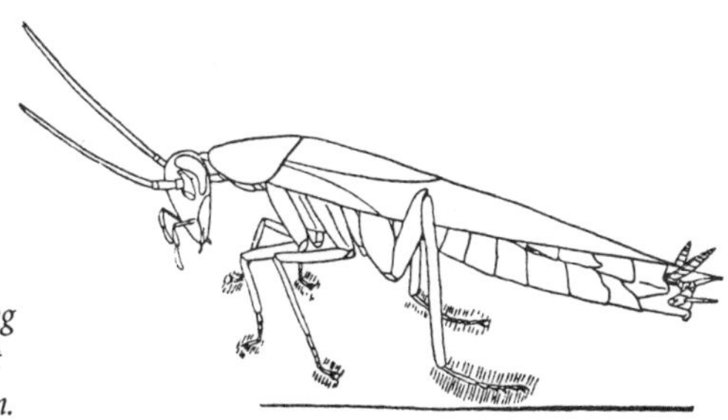

Sauberer Absprung eines Mannes mit gestutzten Fühlern.

Hobelspäne oder Torfmull, dazu etwas Baumrinde (für die Eiablage, denn frei herumliegende Eier werden aufgefressen) und Schattenspender wie z.B. eine Klopapierrolle oder Eierkarton. Den Dekorationsmöglichkeiten sind dabei keine Grenzen gesetzt. Das alles wird regelmäßig befeuchtet, denn die Luftfeuchtigkeit sollte nicht unter 70 % sinken. Zu starkes Gießen sollte wiederum wg. Schimmelgefahr vermieden werden. 20-30 °C sind optimal. Um eine gleichbleibende Wärme zu erreichen, kann man z.B. eine Glühbirne im Kasten anbringen, wobei das Kasteninnere gegen das Licht geschützt sein muß. Das Kakerlakarium sollte abgedeckt sein, am besten hat sich verzinkte Messinggaze bewährt.

Als Futter eignen sich Brot, Karotten, Haferflocken und getrocknetes Obst - oder was man beim Abwischen der Küchenanrichte an Krümeln zusammenbekommt. Ein Labor in England empfiehlt eine Mischung aus Haferflocken, Weizenflocken, Fischmehl und trockenen Hefeflocken im Verhältnis 9:9:1:1 und die Mischung sollte vor Verzehr 15 Std. lang bei 50°C sterilisiert werden. Als Feuchtigkeitsquelle können angefeuchtetes Brot oder rohe Kartoffeln dienen. Kein Schälchen mit Wasser hinstellen, das würde nur einen Tod durch Ertrinken provozieren.

Die Handhabung der Zucht wird durch den Herdentrieb und das normale Fluchtverhalten der Schaben erleichtert. Bei Gefahr laufen sie flink zueinander, und nur ungern benutzen die meisten Arten ihre Flügel. Gerade aber Vertreter der Deutschen Kakerlake sind oft in der Lage, auch höhere Mauern fliegend zu überwinden, Vorsicht also.

Rufe den nächstbesten Zoo an oder geh mal vorbei und laß dir erzählen, wie die ihre Kakerlaken züchten. Die meisten Zoos verwenden Schaben als Futter für andere Tiere.

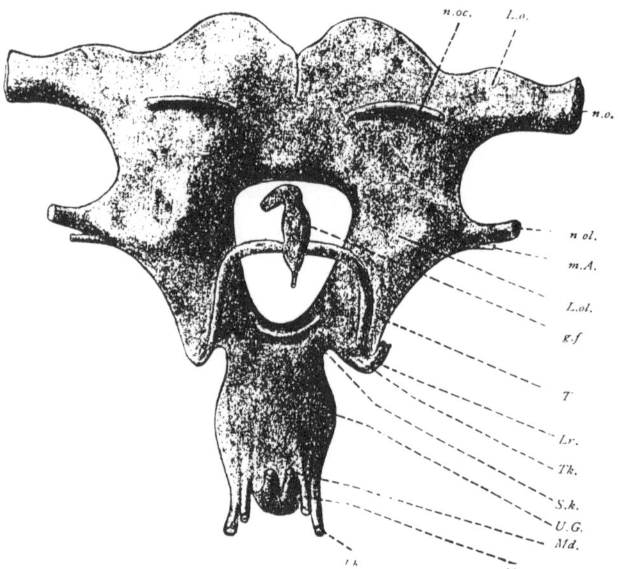

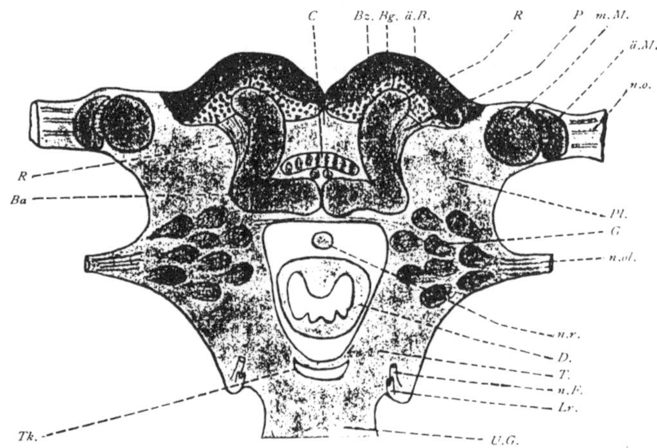

Das Gehirn der Kakerlake: a) von vorn, b) Schema des inneren Teiles.

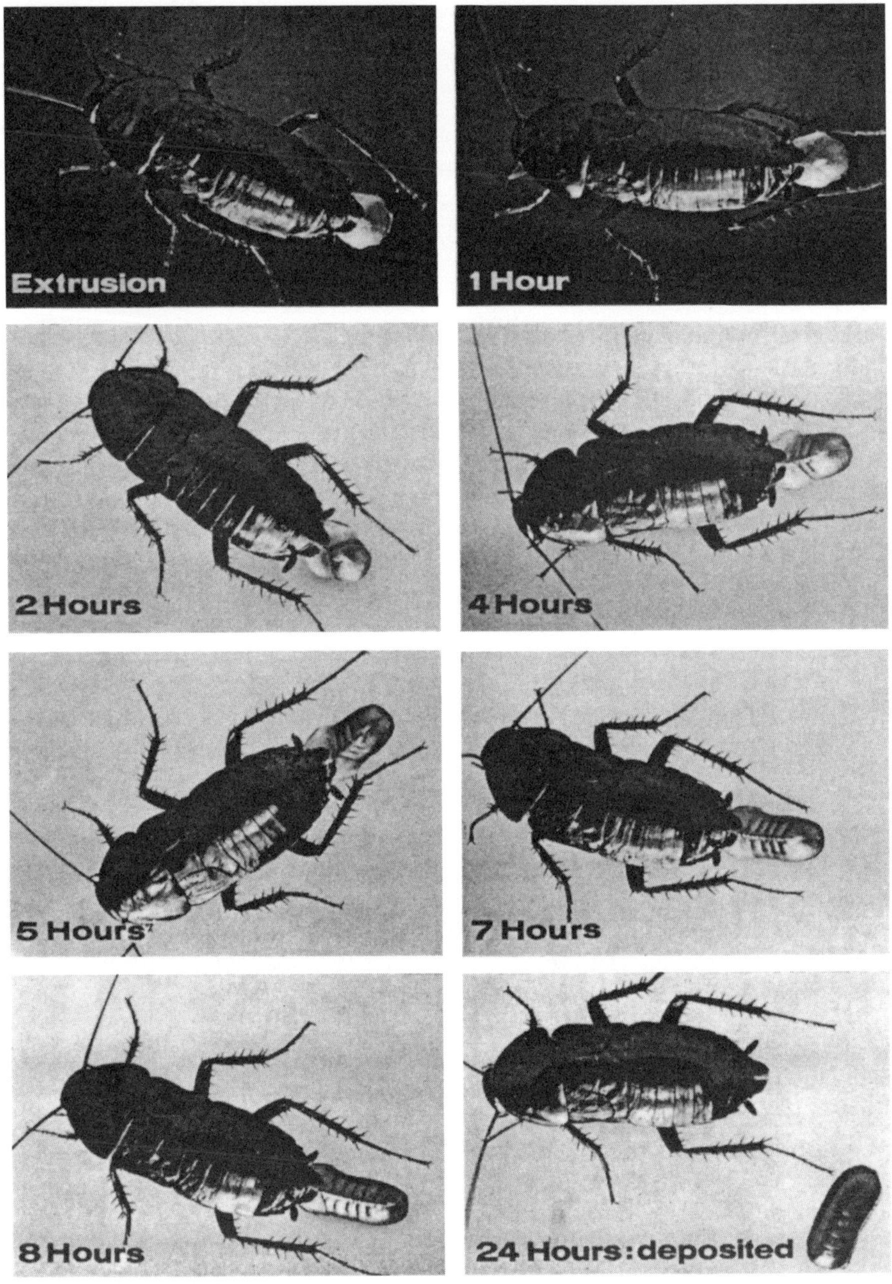

Entwicklung des Eierpaketes einer Orientalischen Kakerlake in den Natick Laboratories der U.S. Armee.

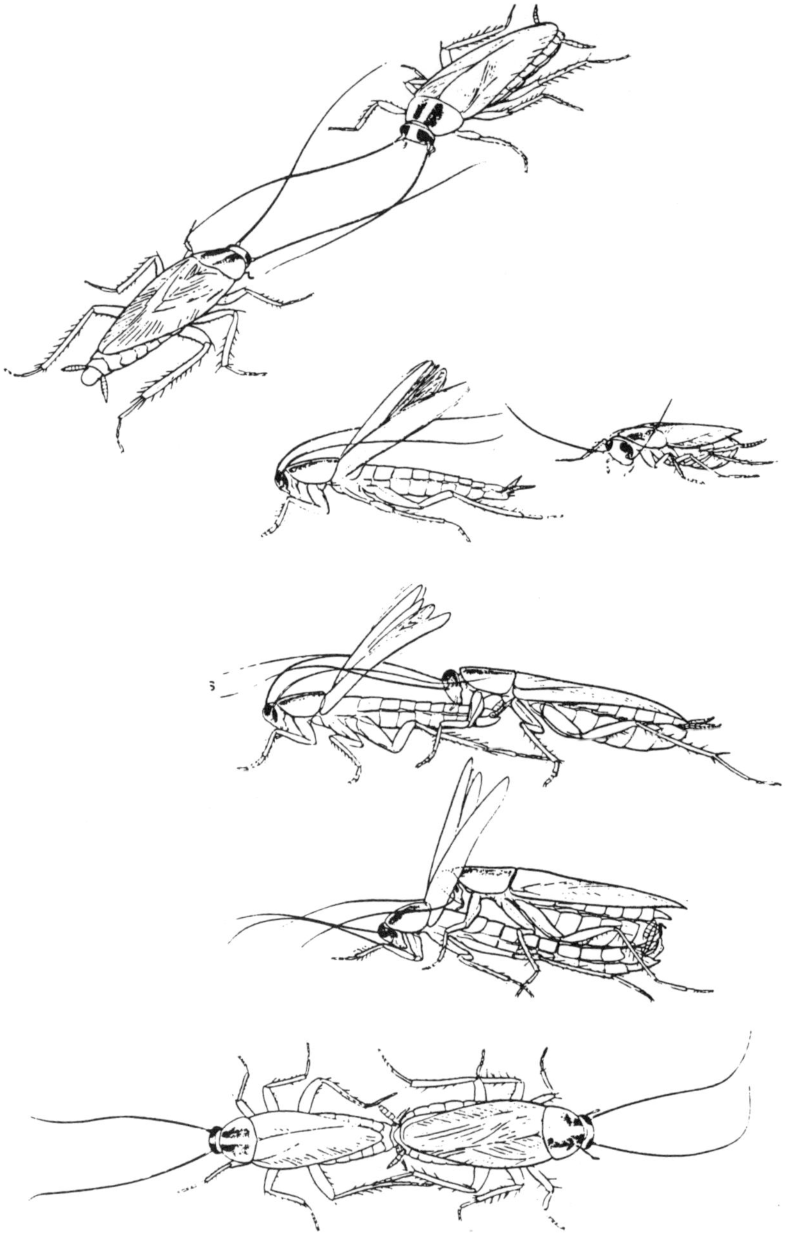

a) Erstes Petting mit den Fühlern
b) Mann hebt einladend seine Flügel
c) Frau schleckt von den geilmachenden männlichen Drüsenausscheidungen am Rücken
d) Mann stülpt seine Geschlechtsapparatur nach oben, hakt sich genital ein und bringt seinen Samenspender in Stellung
e) Die traditionelle Kakerlaken Stellung. Nix von wegen 'Schau mir in die Augen, Kleines'

7

Die lustvolle Sache mit dem Widerhaken

Sex & tausendfaches neues Leben

Touch me, feel me

Kakerlaken lieben Berührung. Sie bleiben in der Gruppe eng beieinander. Es ist aber nicht nur der körperliche Kontakt, der sie reizt. Sie lieben es, sich in engen Räumen aufzuhalten. Sie sind wirklich keine Klaustrophobiker, sie mögen es, wenn ihnen quasi die Decke auf den Kopf fällt.

Thigmotaxis ist der Fachausdruck für dieses Verlangen, von allen Seiten berührt zu werden. Es scheint ihnen Spaß zu machen, sich durchs dichte Laub der Regenwälder zu wusseln. Die domestizierten, wie die *Deutsche Kakerlake,* lieben es geradezu, sich hinter Badezimmerkacheln, zwischen Teppich und Fußboden, zwischen den Ritzen eines Holzbodens hindurchzuquetschen. Eng ist beautiful.

Der Voyeur hat's schweur

"Eingangs möchte ich bei diesem Kapitel betonen, daß die Beobachtung aller mit der Kopulation in Beziehung stehenden Vorgänge auf sehr große Schwierigkeiten stieß, da die Tiere, sobald sie geschlechtlich erregt waren, sich sehr scheu zeigten und auf die geringsten äußeren Reize reagierten. Der leiseste Lufthauch oder ein schwaches Anstoßen stören die geschlechtliche Erregung sofort, so daß dann den Tieren zunächst nichts mehr anzumerken ist. Erst wenn die Störung von den Tieren als beseitigt angesehen wird, beginnen wieder Erregungszustände."[35]

Die chemische HochZeit

Die Geschlechtsorgane der Schaben produzieren keine Hormone. Haben sie auch gar nicht nötig, meint der Forscher, denn sie sind in erwachsenem Zustand allemal nur für die Reproduktion konstruiert und für kaum etwas anderes. Doch sie besitzen eingebaute Hemmvorrichtungen, auch sie können es sich nicht leisten, ihr ganzes waches Leben mit Sex zu verbringen.[16]

"Die Liebesmühen der Schaben sind beträchtlich, denn sie führen ihr Skelett außen auf dem Leib mit sich herum. Es ist, als ob Lanzelot und Ginerva ein Tête-à-tête in voller Rüstung wagten und sich scheppernd durchs Schlafzimmer schöben...

So sehen die Begattungsversuche denn auch eher mechanisch aus: wie Sex unter Robotern. Nicht Lust und Begierde treiben das Schabenpaar zum Verkehr, vielmehr steuern chemische Impulse das Geschlechtsleben."[20] Entsprechend stereotyp läuft das Sexspiel bei ihnen ab.

Wichtigstes Mittel der Anregung sind die legendären Pheromone, der 'Liebestrank' der Insekten. Diese Duft-Lockstoffe sind seit geraumer Zeit das Untersuchungsgebiet vieler Chemiker. Diese Stoffe wirken in winzigsten Dosierungen. Eine Kakerlakin versprüht davon in der Stunde maximal ein Milliardstel Gramm. Um 1,5 mg des Lockstoffes *Bombykol* zu gewinnen, wurden die Geschlechtsteile von fast einer Millionen jungfräulichen Kakerlakinnen extrahiert.[46] Was für ein Job! Chemisch gesehen, gehören die Kakerlaken Pheromone zu den kompliziertesten aller bekannten Pheromone.

Nicht nur die Weibchen locken mit Düften. Die Männchen stehen ihnen darinnen in kaum etwas nach. Der Stoff, den sie im 2. Akt des Aktes ausstoßen, wird ihnen von den Weibchen vom Körper geleckt. Yummie. Ohne diesen Stoff, von Forschern auch *Seducin* (lat. *seducere*, verführen) genannt, läßt sich kein Weibchen auf weitere Sexspiele ein. Lick him or leave him.

Wenn dieses chemische Vorspiel einmal in Gang gekommen ist, läuft der Rest wie von alleine. Die Koordination von Antennen, Beinen, Flügeln und Geschlechtsteilen läuft dann wie geschmiert und bedarf keiner weiteren Stimuli mehr. Irgendeinen endogenen Mechanismus muß es trotzdem noch geben, den wir bislang nicht verstehen, aber dazu gleich mehr.

Alternative Geschlechtsspiele

Die Methoden der Fortpflanzung unter Schabenarten sind nicht einheitlich. Die südamerikanischen Gewächshausschaben sind zum Beispiel ausschließlich weiblich.

Andere Arten, wie die zweifarbige SurinamSchabe, kennen die Jungfernzeugung, wenn mal kein Männchen becircbar ist. Nachkommen dieser Jungfrauengeburten sind allerdings immer Weibchen, für männlichen Nachwuchs sorgen die Kolleginnen, die sich auch mit Männchen einlassen.

Dr. Robert Barth von der Universität Texas kann man den Sigmund Freund der Schabenwelt nennen. "Bei verschiedenen Schabenarten stellte er das Vorkommen von Homosexualität fest, aber nur in seltenen Fällen. Wenn jedoch weibliches Pheromon in einen Käfig mit Männchen der kubanischen Schabe gebracht wird, so beginnen sie sämtlich im Käfig herumzurennen und wild miteinander Erotik zu treiben."[16]

Fälle von Homosexualität wurden auch bei der Deutschen Kakerlake festgestellt. Es wurde beobachtet, daß manche Männchen ihre Kollegen bei heterosexuellen Spielen attackierten und ihnen auf den Rücken stiegen, wobei das Weibchen manchmal einfach zur Seite geschubst wurde.

Vorspiel

Der schabige Voyeur Johannes Wille hat Hunderte von Kakerlaken-Liebesspielen beobachtet. "Männchen und Weibchen laufen auf ihrer abendlichen Nahrungssuche umher. Sie treffen aufeinander, berühren und beriechen sich mit den Fühlern. Das Weibchen läuft meist weiter, ohne besondere Notiz von dem Männchen zu nehmen. Ist dieses aber geschlechtlich erregt, so läuft es dem Weibchen nach, wobei stets zu bemerken ist - das gilt auch für das spätere, noch sehr häufig zu erwähnende Nachlaufen der Männchen -, daß es die Spur des Weibchens sehr schnell verliert. Schon in einer Entfernung von 2 cm ist dem Männchen die Witterung des Weibchens völlig entgangen. Um das erkannte Weibchen wiederzufinden, versucht das Männchen durch schnelles Laufen dieses Ziel zu erreichen. Das gelingt dem geilen Kriecher meist rasch. Es folgt wiederum das Fühlerpetting, wobei das Männchen der aktive Teil ist und von oben oder seitlich an die Antennen des Weibchens trillernd klopft. Die Stellung der beiden Tiere zueinander ist bei diesem Akt entweder Stirn gegen Stirn gestellt, in einem ungefähren Abstand von 1,5 cm; dann klopfen beide männlichen Antennen. Oder die Tiere stehen parallel oder etwas schräg zueinander, dann klopft nur eine Antenne des Männchen."[35]

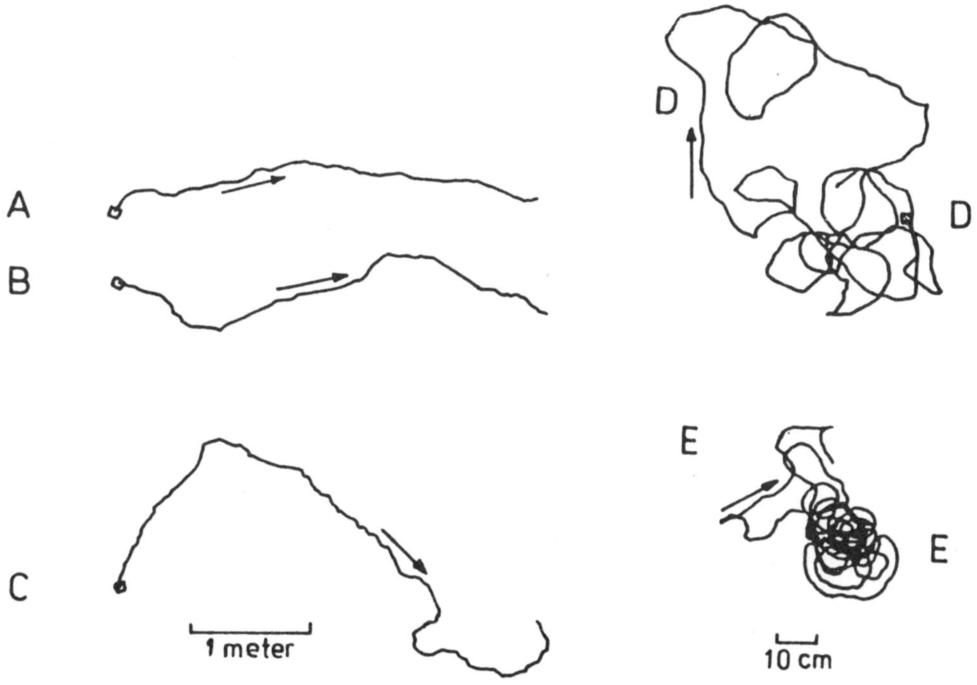

Die Wege der Liebestrunkenen sind verknotet: Aktionsradius von männlichen Schaben vor (a-c) und nach (d,e) einer Stimulation mit Hilfe von Sex-Pheromonen.

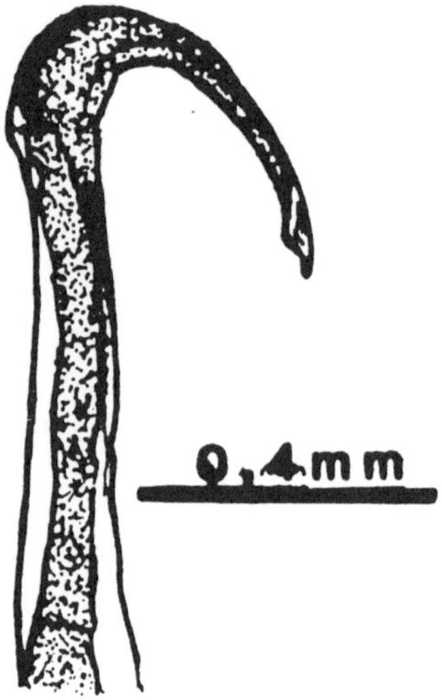

Der (linke) Hakenphallomer.

Nach ein oder zwei Minuten des Abklopfens dreht das Männchen dem Weibchen den Rücken zu, klappt die Flügel fast rechtwinklig hoch und geht in eine Hockstellung, um dem Weibchen seinen *Excicator* unter die Nase zu reiben, jene Stelle, aus der das schon erwähnte Aphrodisiakum *Seducin* strömt. Die Wirkung aufs Weibchen tritt schlagartig ein, es klettert dem Männchen auf den Rücken, manchmal greift es ihm fest um die Taille und labt sich an dem geil machenden Drüsensekret. Dieses scheint bei der Partnerin eine Art Duldungsstarre auszulösen.

Wille hat ein Liebesspiel mit der Stoppuhr in der Hand beobachtet und genau protokolliert. Demnach dauerte es rund 50 min. und 18 Kopulationsversuche, bis das Männchen am Ziel war.

Mit Haken und Mösen: der Akt

"Nach einigen Sekunden beginnt sich das Männchen unter dem Weibchen unauffällig nach hinten zu schieben, wobei es seinen Geschlechtsapparat herausstülpt. Dieser ist höchst eigentümlich gebaut; am ehesten läßt er sich mit einem aufklappbaren Spezialmesser mit massenhaft Klingen, Korkenziehern, Büchsenöffnern und Haken vergleichen ... ein geschicktes Deutsches Schabenmännchen bringt es fertig, den längsten dieser Haken an einer kleinen, halbmondförmigen Platte am Schwanzende des Weibchens festzumachen. Hierauf kommt es seitwärts aus seiner Position unterhalb des Weibchens hervor und dreht sich um, so daß beide Tiere, mit den Hinterteilen verbunden, in die entgegengesetzte Richtung schauen. Gleichzeitig werden kleine Haken aus dem Sortiment an anderen Körperteilen des Weibchens befestigt, so daß dieses für die ein bis zwei Stunden dauernde Begattung unentrinnbar genital festgehakt ist."[16]

Nach 90% aller Kopulationen wird das Weibchen als Folge ein Eierpaket mit sich tragen, das in 85% aller Fälle fruchtbar ist. Weibchen die sich nach einer erfolgreichen Kopulation vom Männchen trennen, sind sofort wieder in der Lage, andere Männchen zu stimulieren.

Wen dieser Vorgang genauer interessiert, der sollte sich das Buch von Johannes Wille besorgen.[35] Dort hat er das Liebesspiel ausführlich und minutiös auf über zehn Seiten dargestellt und aufgelistet. Ein wahrer Schabenporno für insektenfreundliche Voyeure.

Ei, Ei, Ei

Die Deutsche Kakerlakenmutter trägt ihre Eierballen, die Ootheca, drei bis vier Wochen mit sich herum. Diese handtaschenförmige Kapsel ist aus einer dünnen, aber festen Materie, ähnlich dem Material von

Kuhhörnern. Der Grundstoff kommt als flüssiges, weißes Sekret, das unter Lufteinwirkung schnell braun wird, aus den Körperdrüsen. Es formt sich ein Hohlraum, in den ein Ei nach dem anderen abgelegt wird. Für jedes Ei steht eine eigene Kammer zur Verfügung. Wenn die Kapsel gefüllt ist, versiegelt sie sich. Kleine Löcher in der Verschlußnaht lassen genügend Sauerstoff für die Embryos durch. Membranen verhindern ein Austrocknen.

Der deutschen Schabe steht ihr Eierpaket permanent hinten raus. Sie ist sogar in der Lage, es zu zwei Drittel auszustoßen, um 90° zu wenden und wieder einzuziehen.

Wenn sich die Eier so weit entwickelt haben, daß der Nachwuchs ausschlüpfen kann, fällt der Kokon ab, platzt der Länge nach auf, und für die Jugend steht der Weg in die weite Welt offen.[28] Um sich der 'Schalen' zu entledigen atmen sie erstmal tief ein, drehen sich spastisch, plustern sich auf und gewinnen ungeheuer an Umfang. Sobald sie sich befreit haben und erstmalig ihre sechs Beine ausstrecken und ihre zwei Antennen ausfahren können, lassen sie wieder Luft ab und schrumpfen auf halbe Größe zurück.

Die Neugeborenen nennt man Nymphen. Sie haben noch keine Flügel und müssen sich mehrfach häuten, um wachsen zu können, denn jede neue Haut umschließt sie fest wie ein Panzer und wächst nicht mit. Der Vorgang bleibt sich jedesmal gleich: Die Nymphe inhaliert so viel Luft, daß die alten Schalen an den 'Nahtstellen' platzen. Zwischen den Häutung vergehen bei der *Blattella germanica* jeweils fünf bis vierzehn Tage. Frisch gehäutete Nymphen sind kein schöner Anblick, sie sind blaß, dünn und schwach. Wegen ihrer Farbe werden sie oft für Albinos gehalten. (Wobei es

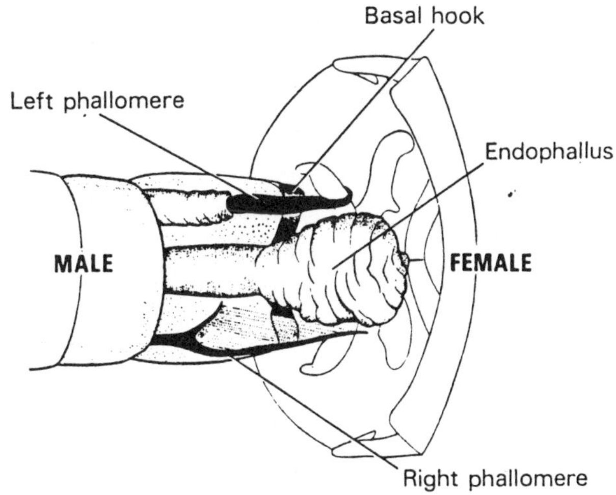

Die Andocktechnologie: Phallomere und der stark erigierte Schabenpenis am Ziel.

auch echte Albinos und andere Mutanten gibt, sie kommen normalerweise aber nur recht selten vor). Schon nach kurzer Zeit plustern sie sich auf und wenige Stunden später ist die neue Haut hart und braun. Jedes dieser Tiere ist nach jeder Häutung wesentlich größer als vorher.

Nur selten gelingt es, eine abgelegte Haut, inklusive der Antennen und Beinen zu finden. Denn, umweltbewußt wie Insekten nun mal sind, ißt die Nymphe ihre jeweils abgelegte alte Schale mit Haut & Haaren auf. So gehen ihr Chitin und die Proteine nicht verloren. Bei uns wird mal schon schief angesehen, wenn wir an unseren Fingernägeln kauen...., Hardcore- Autokannibalisten werden hierzulande einfach unter Drogen gestellt und weggeschlossen.

Kakerlaken sind auch in der Lage, abgebrochene Beine, Antennen und andere Körperteile wieder nachwachsen zu lassen.

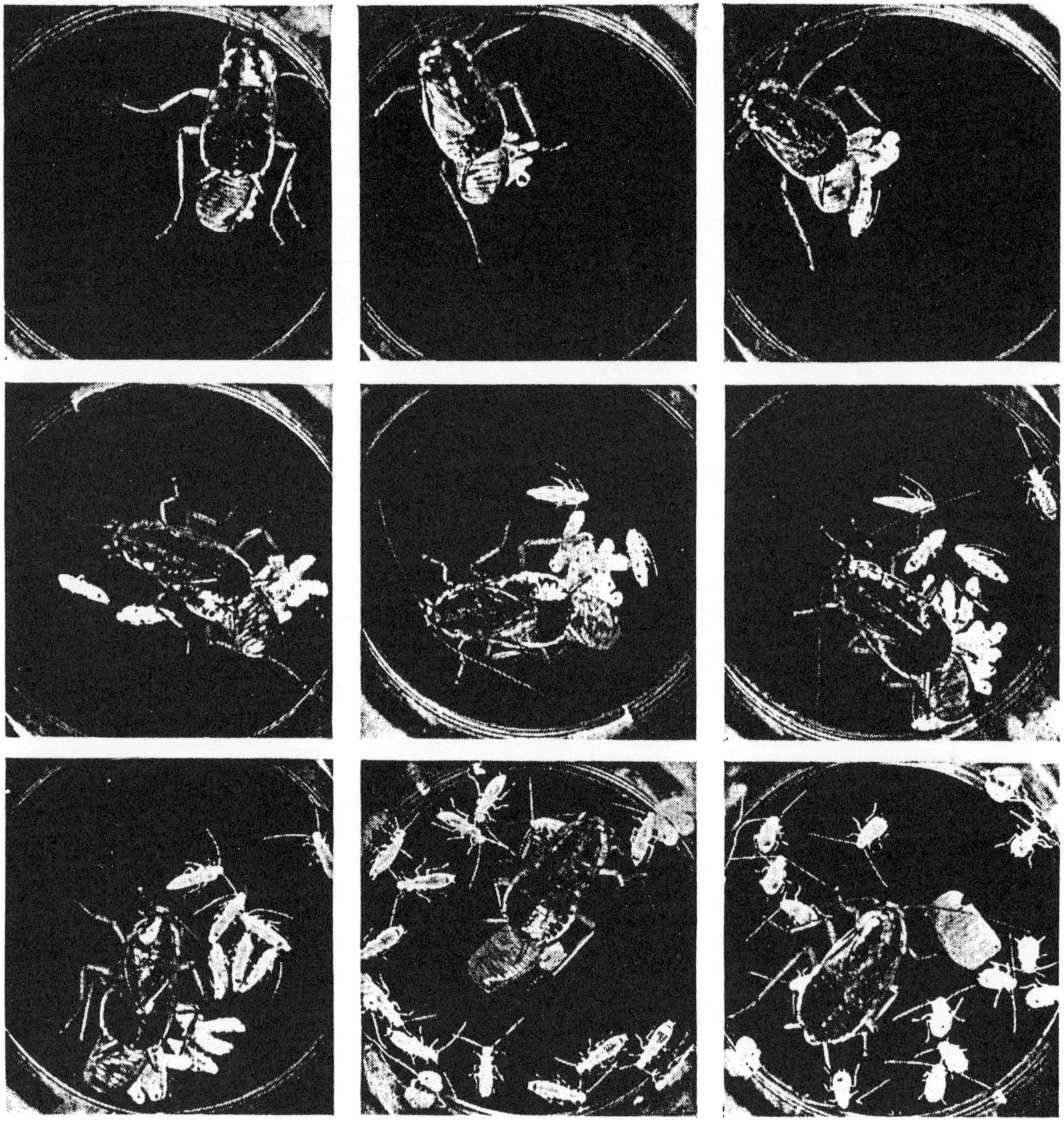

Lauter süße, kleine, deutsche Kakerlaken entschlüpfen der Eierbatterie, die noch am Mutterleib hängt. (Zwecks besserer Übersicht hat man der Mutter die Flügel entfernt).

Die Masse bringt's

Eine Deutsche Kakerlakenfrau kann bis zu achtmal im Leben Eierpakete ablegen, die bis zu 44 Babys enthalten. Der Mathematiker kann daraus errechnen, daß eine Kakerlake 3200 Nachkommen gebären kann. Innerhalb eines Jahres können daraus theoretisch über 10 Millionen Nachkommen werden. Soweit die Theorie.

Die Praxis (im Labor) ergab andere Zahlen. Eine Forscherin namens Mary Ross zog 1976 innerhalb von sieben Monaten aus 10 fruchtbaren Kakerlaken Paaren einundfünfzigtausend Nachkommen groß. Weit weniger als die Theorie verspricht, aber doch wohl genügend, um manchem Insektophobier das Gruseln beizubringen.

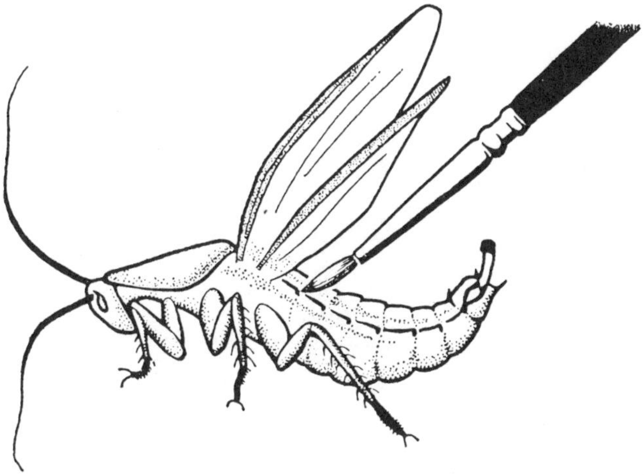

Dem abgebildeten Männchen wurde weibliches Hormon vorgehalten; es hat darauf mit Aufspreizen der Flügel reagiert. Wenn der Experimentator denRücken des Männchens mit einem Pinsel streichelt, kommen die Geschlechtsteile des Männchens heraus und werden nach oben und hinten bewegt. (Nach Barth.)

"Meine Flügel hatten sich geöffnet, und Kotex labte sich an meiner Pheromonquelle. Ich spürte ihr Herz an meinem Rücken klopfen. Ich griff mit meinem phallusähnlichen Greifhaken, der dafür sorgte, daß sich das, was in den unteren Regionen geschehen war, hier oben nicht wiederholte, in ihre geschützte Genitalkammer. Herausrutschen! Konnte es denn ein schlimmeres Omen für das Schicksal des *Homo sapiens* geben?

An den Genitalien verhakt, drehten Kotex und ich uns so, daß wir in die entgegengesetzte Richtung blickten. Ich würde es auf keinen Fall zulassen, daß der Anblick meines Gesichts sie von der Lust ablenkte, und ich wollte meine ebenfalls ungestört genießen. Die Luft aus unseren freiliegenden Tracheen nährte unser Feuer.

Mein Stahlphallus schoß in Kotex' Schoß, fest und sicher. Telelogisch. Ich kann es nicht anders beschreiben.

Es gibt keine größere Vorfreude, als absolut still dazusitzen und zu wissen, daß unsere Chemie mit aller Macht für unsere ultimative Lust arbeitet. Die Welt jenseits des glühenden Reaktors unserer Genitalien hörte zu existieren auf.

In einer mächtigen Entladung ergoß sich meine Spermatophore, eine winzige DNA-Kapsel, in Kotex Schoß. Die Hitze ließ nach. Es war totale, ewige Befriedigung."[4]

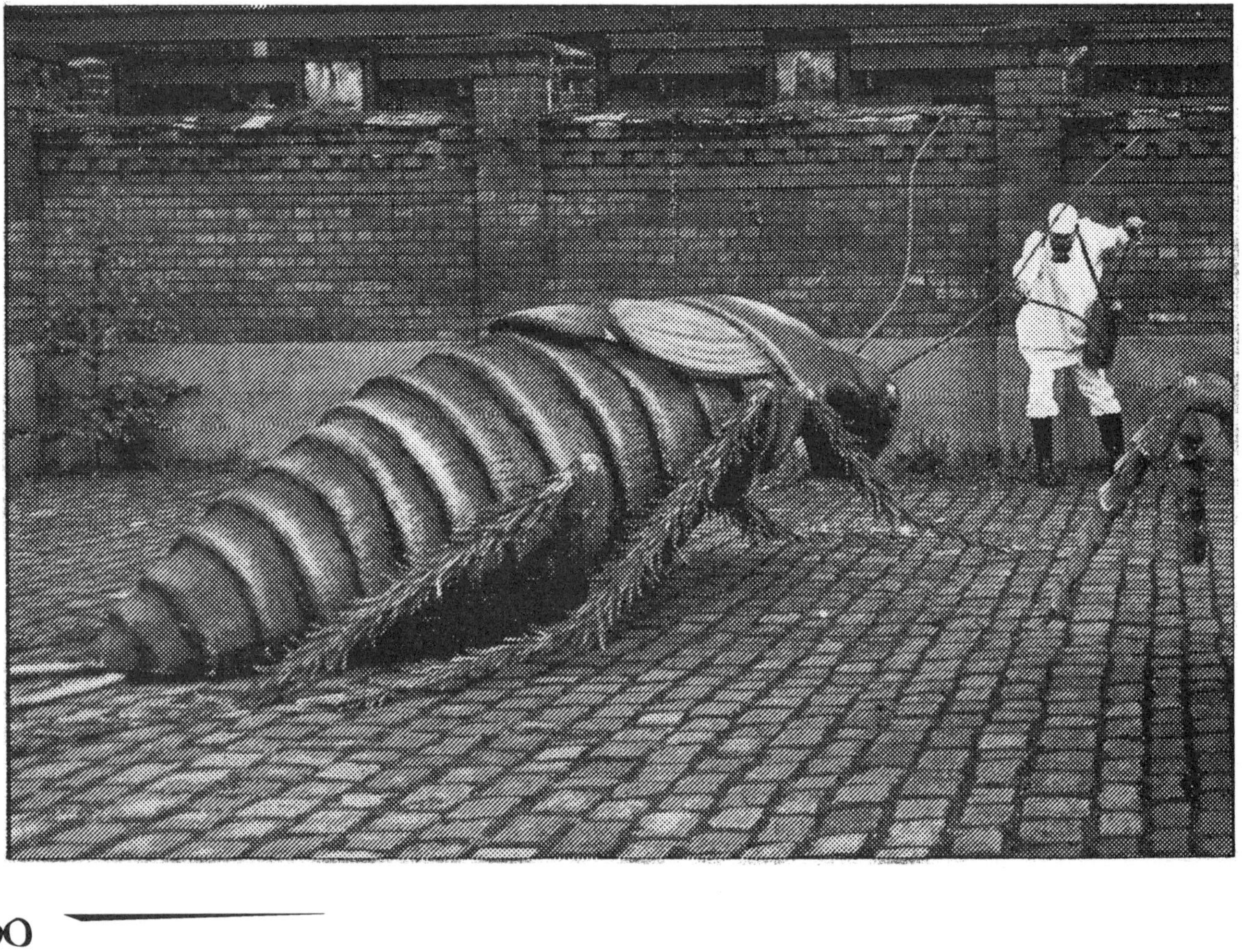

8

Gegeneinander oder miteinander?

Begegnungen zwischen Menschen & Kakerlaken & Dino - Visionen und Erlebnisse

Der letzte Dinosaurier erzählt Wunderliches

Wir zogen etwa einen Tag lang nach Süden, dann blieben wir an einem Flußufer stehen. "Südlich von hier liegt das Reich des Königs der Kakerlaken. Deine erste Aufgabe ist es, mir den Kopf dieses Königs zu bringen."

Ich sah über den Fluß und stellte fest, daß es auf dem ganzen Festland nur so von einer unendlichen Vielzahl von Kakerlaken wimmelte, mehr als ich je zertreten konnte; und selbst, wenn mir das gelingen sollte, mußten noch viel mehr unter dem Boden hausen, wo auch der König leben mußte.

Ich watete durch den Fluß und reiste drei Tage lang durch das Königreich der Kakerlaken, bis ich wieder einen Fluß überquerte ... ins Land der Bienen.

Ich fällte mehrere mit Honig gefüllte hohle Bäume, schleppte sie ins Reich der Kakerlaken zurück, spaltete sie und legte klebrige Honigspuren bis zum Meer hinab. Die Kakerlaken folgten den Spuren zum Meer hinunter, wo die Wellen über ihren Köpfen zusammenschlugen und sie ertränkten. Drei Tage hielt ich Wache am Ufer, während die Zahl der Kakerlaken kontinuierlich kleiner wurde, und am dritten Tag schließlich kam der König der Kakerlaken aus seinem Thronsaal heraus und wollte nachsehen, wohin alle verschwunden waren. Ich lockte ihn auf ein Blatt und trug ihn, sehr zum Erstaunen der Königin, zurück nach Norden ...

Neal Stephenson, Diamond Age

Erlebnis in Kolumbien

Als ich dastand und mit mir selbst rang, fuhr ein heftiger Windstoß durch die Fensterläden herein, blies durch das gesamte Zimmer und verstreute das Kokain als weißen Staub über den Fußboden. Ich zuckte die Achseln. Mein Abschied von der Weißen Dame. Die ganze Nacht über waren die Kakerlaken übermäßig aktiv. Noch ein paar schlaflose Stunden mehr klang Gus' Geist in mir nach, und zwar wegen der umherlaufenden und schabenden Kakerlaken, die durch das Kokain auf dem Fußboden ganz high geworden waren.

Charles Nicholl, Treffpunkt Café Fruchtpalast

Aus der Volksmedizin

In verschiedenen Kulturen spielt(e) die Kakerlake auch eine förderliche Rolle in der Volksmedizin. So fand ich in einem älteren Lexikon den Hinweis: "Gegen Epilepsie werden Kakerlaken zerstoßen eingegeben. Gegen Würmer erhalten sie Kinder abgekocht. In Bayern gelten sie als harntreibendes Mittel".

In der preußischen Medizin hatten sie einen offiziellen Status: *Pulvis Tarakanae*. Noch 1907 tauchten sie im Index der Pharmafirma Merck auf. Schon die alten Griechen mixten Kakerlakenmehl mit Rosenöl und setzten dies gegen Ohrinfektionen ein. Im noch älteren China verschrieb man getrocknete Schaben gegen Verdauungsstörungen. Selbst heute kann man sie für $2 pro Unze im Chinesenviertel von San Francisco kaufen, gegen Fieberanfälle, dicke Zungen, und für Kinder die 'Nachts wegen Bauchschmerzen schreien...'.

1886 verbreitete die *New York Tribune*, daß man in Lousiana Kakerlakentee gegen Tetanus reiche. Louis Armstrong erinnerte sich Jahre später, daß er als Kind, wenn er krank war, wiederholt eine Kakerlakensuppe gereicht bekam.

Sowohl aus Malaysia wie auch aus Jamaica sind Verabreichungen von Kakerlaken als Medizin überliefert.

Teuflischer Aberglaube

Wegen der dunklen, schwärzlichen Färbung galt die Schabe vielfach als Teufelstier. Man betrachtete sie auch als Krankheitsdämon - aus der Vorstellung, irgendwelche Insekten würden sich im Kopf einnisten und dort verschiedene Leiden hervorrufen.

Handbuch des Aberglaubens

Schutzgeist

Vielfach hat die Küchenschabe die Rolle des Heimchens übernommen, mit dem sie von einem oberflächlichen Betrachter verwechselt werden kann. Wie das Heimchen erscheint sie als Schutzgeist des Hauses (in Rußland & Frankreich).

Der polnische wie der russische Bauer hegen das Insekt mit Pietät, denn seine Anwesenheit im Hause gilt als Glückszeichen; im Gegenteil bedeutet es Unglück, wenn die Küchenschabe das Haus verläßt.

Ja, der russische Bauer nimmt bei einem Wohnungswechsel sogar diese Insekten mit, soweit sie sich einfangen lassen.

In der Provence bringt die Tötung einer Küchenschabe Unglück.

In England erfolgt ein Donnerschlag, wenn man auf das Insekt tritt, daher sein Name thunderclock, Donnerkäfer.

Handwörterbuch des dt. Aberglaubens, 1942

Mahlzeit

Herr Haase aus Jena beobachtete im Wintersemester 1905/6 in einer nachts hellerleuchteten Küche eines großen Speisehauses in Halle, in der die ganze Nacht hindurch gekocht wurde, wie die Deutschen Schaben in Unmassen an Wänden, an der Decke und am Boden umherliefen und sich nicht im geringsten von der Beleuchtung beeinflussen ließen. Die Tiere fielen in die Kochtöpfe und mußten ständig wieder herausgelesen werden.[35]

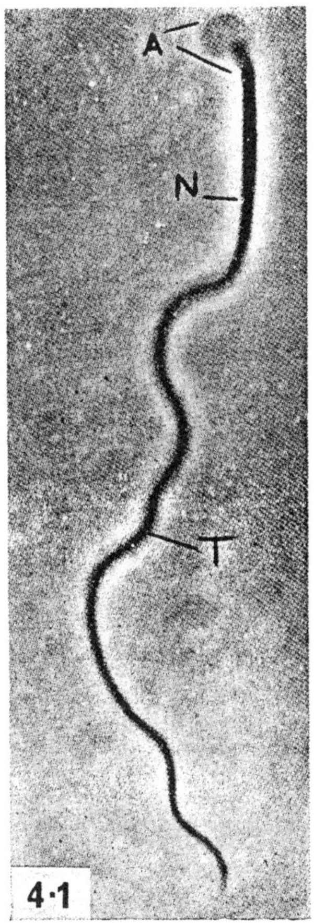

Normal ausgebildeter Schaben-Sperm, etwa 1600x vergrößert.

Terroristenfreunde?

Erst kürzlich kam heraus, wie das FBI auf die Spuren der *Symbionese Liberation Army* kam, die 1974 Patty Hearst entführt hatte. Mieter in einem Mehrfamilienhaus in San Francisco beschwerten sich darüber, daß aus dem Appartment über ihnen Schwärme von Kakerlaken die Wand herunter gelaufen kämen. Als der Hausherr nachschaute, fand er eine verlassene Wohnung vor, die ihm verdächtig vorkam. Das FBI identifizierte später die erste Spur in diesem Kidnapping Fall in jener Wohnung, dank der rastlosen Kakerlaken, die von der SLA so schnöde allein gelassen worden waren.
Patty/Tania, von Belcher & West

Kopflose Mutterliebe in Texas

Welch ungeheuere Vitalität in den Schaben steckt, macht ein Erlebnis deutlich, das den amerikanischen Naturwissenschaftler Boraiko in einem texanischen Hotel beinahe um den Verstand gebracht hätte. Nachdem er eine Schabe in seinem Zimmer eine Weile vergeblich mit einer zusammengerollten Zeitung verfolgt hatte, traf er das Insekt schließlich voll, schlug ihm den Kopf ab und warf den Kadaver in einen Papierkorb. Seine Genugtuung über die endlich erfolgreiche Jagd sollte jedoch nicht lange vorhalten, denn etwas kaum Glaubliches passierte: "In der Nacht krabbelte der kopflose Rumpf der Schabe aus dem Abfallkorb, gelangte in meinen offenen Koffer und legte dort ein Eipaket ab. Am nächsten Morgen sah ich mich einem Dutzend junger Schaben wie einer Geistererscheinung gegenüber."[33]

Trouble in Paradise - Roach Attack

La Paz. Nach 14 Std. Gedudel, Gerumpel und Gefurze im Bus angekommen. Wo ist das nächste Hotel? Gleich am Eingang steht ein Bett quer und jemand liegt drauf, erwacht, reicht uns den Schlüssel. Es ist spät, ruhig, tropf, raschel. Du schließt die Tür, reißt die Fenster auf: Luft! Dort, am Boden: zwei lange dünne Antennenfühler zittern von mir zu dir, der scheißbraune Körper glänzt im Funzellicht. 'ne Menge haariger Beine jagen ins Zimmerinnere. Schon mal 'ne 7cm lange Kakerlake gesehen? Nix mehr *La Cucaracha*. Ekel. Eine flitzt mir entgegen, unter der Tür durch, 4,5, zurück ins Zimmer. Rasen wie die Mäuse, aber nicht weg, irgendwohin. In deine Schuhe, auf die Taschen, unter die Stühle, an die Wand. Es sind so viele. Wo ich hinsehe: Kakerlaken. Fast so groß wie U-Bahnmäuse. Ich wanke zum Bett, sehe dort keine, sitze, werde fast irre, mach mich ganz klein. Gehen die auch aufs Bett? Du schreist: Nein! Mein gehetztes Geschaukel und Geglotze macht dich wahnsinnig. Du schreist: Wir checken aus! Ich sehe zwei die Wand hoch zum Bett jagen und ein paar kriechen unter mir am Bettrand und dann kann ich nicht mehr schreien, weil 2 von der Decke klatschen und ich glücklicherweise nicht mit offenem Mund dasitze. Du raffst die Handtücher, Shirts, Hosen und Strümpfe zusammen, die überall zum Trocknen rumhängen. Aus fast jedem Teil rasseln Kakerlaken und klatschen auf den Boden. Ich würge und heule und merke es nicht. Man kann sie nicht zertreten, sie sind zu groß. Du packst deine Schuhe und sie krabbeln über deine Hand. Jetzt kotzt du. Ich träum mir eine Knarre. Abknallen. Alle einzeln. Mein Geschaukel hält sie fern, zuviel Unruhe. Ich bleib hier oben, bis ich sterbe. Du bist an der Tür, sie ist offen. Ich springe, ich schreie, meine Haut ist wie die eines gerupften Huhnes. Nur ein Gedanke: Raus Raus RAUS RAUS!

Avocado Enterprise Inc.„ Bizarr Kalender 1994

Läusekiller

Micky Remann berichtet aus Malaysia:

"Über den beängstigenden makro-ökologischen Zuständen ist leicht ein Mikro-Zyklus zu übersehen, der noch mustergültig funktioniert: Männer fangen sich einen fliegenden Kakerlak, sperren ihn unter ihre schrill-bunte Kappe (deren farbpsychologische Implikationen mir bis heute suspekt geblieben sind) und erlauben dem nützlichen Insekt, ihnen die Läuse vom Kopf zu fressen."[9]

Touristenschreck mit Heimrecht

Da Kakerlaken in Tunesien 'landesübliche' Tiere sind, rechtfertigt ihre Anwesenheit keine Minderung des Reisepreises. (Amtsgericht Bad Homburg, Az: 2 C 3308/95-10)

Das Amtsgericht Bonn (Az 4 C 470/95) stuft Kakerlaken in Gran Canaria als 'ortsübliche Belästigung' ein. Bis zu zehn Kakerlaken habe ein Reisender in einem Ein-Sterne-Hotel klaglos hinzunehmen, ohne daß ihm ein Anrecht auf eine Entschädigung zustehe.

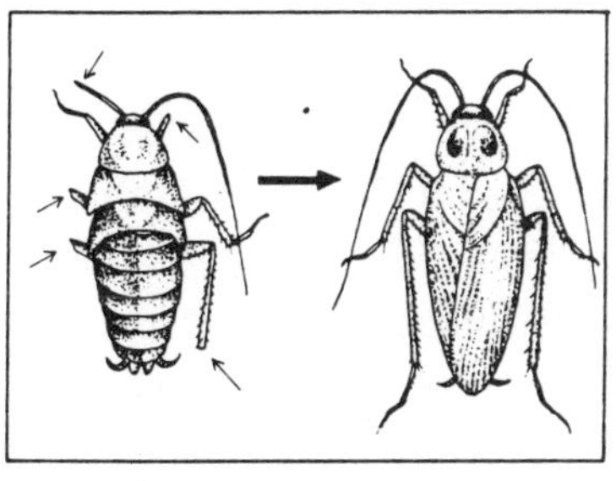

Prüfung des Sanftmütigen

Der größte europäische Haschischdealer der 70er und 80er Jahre, Howard Marks erzählt in seinem Buch 'Mr. Nice' von seiner umfassenden Friedfertigkeit, die aber auch eine Grenze hat: "Selbst Kakerlaken haben als Mitbewohner meiner Gefängniszelle nichts vor mir zu fürchten. Außer in Lousiana."

Kölner Kakerlaken Klüngel

Im Juli 93 sah ich spät nachts einen TV-Beitrag in einer Sendung von Günter Jauch. In einem Kölner Mega-Wohnkomplex, in dem ca. 950 Familien wohnen, sind bereits soundsoviel Mieter von Kakerlaken belästigt worden. Zum Teil kürzen sich die Mieter die Miete um 300 DM, zum Teil ziehen sie aus. Es stehen interessante Prozesse an. Stadt und Hausbesitzer spielten die Angelegenheit allerdings derart herunter, daß man bei einer Recherche von diesen Stellen wohl kaum etwas erfährt. Laut Behörden sind die Kakerlaken erst im 10. Stock, also noch ziemlich tief unten.

Während die Kamera ständig im Großformat Kakerlaken einblendete, die über Kartoffeln in Einkaufsnetzen kraxelten, wurde ein sehr auskunftsfreudiger Geschädigter interviewt: Er berichtet, er hätte sich extra den Schnurrbart abrasiert, da nachts immer die Kakerlaken ihm übers Gesicht steigen würden, angelockt von den Biertröpfchen, die gewohnheitsgemäß in seinem Schnurrbart hängen blieben. Jetzt ist er ausgezogen und der Kammerjäger macht sich mit Gas über die Wohnung her ...

Ulrich Holbein in einem Brief

Pooja die karnatakische Kakerlake

Sechs Wochen schon unterwegs in schäbigen Lodges Südindiens auf der Wanderung durch Bananenhaine und Tempelanlagen Tamil Nadus und Karnataka und im Hinterkopf die lüsterne Wachsamkeit auf mögliche Begegnungen mit der Spezie *Blatella,* wie sie mir Werner Pieper zur besonderen Beobachtung empfahl.

Vor wenigen Tagen benachrichtigte ich ihn per Postkarte, daß ich das Studienobjekt "Kakerlake" als völlig erfolglos beendet betrachte, da ich dem Insekt, trotz bester Wahl der prädestinierten Absteigen, nicht zu begegnen vermochte. (Ganz im Gegenteil zu meinem allnächtlichen Umgang mit ganzen Scharen von ihnen damals in New York, wo sie sich hinter Gläsern duckten, von den Regalen hüpften und sich innerhalb eines kurzen Augenblicks nach dem Andrehen des Lichtschalters zu verstecken wußten: laufend, fliegend, springend, hüpfend, schwimmend, ja in allen mir bekannten Fortbewegungsarten, immer die beste Fluchtvariante wählend, den beobachtenden Menschen als verinnerlichte Orientierungsgröße vor den eigenen Augen oder anderen "Gib-dem-Feind-keine-Chance"-Organen.)

Doch wie so oft im Leben tritt erst dann das Ersehnte ein, wenn man schon nicht mehr daran glaubt und erst recht noch mit einer Wucht, die jede Erwartung übersteigt.

Die billige Absteige in der Altstadt von Bangalore hieß Pooja Paradies, und ich weiß, auch wenn die Leute hier was anderes behaupten, daß "Pooja" Kakerlake heißt; denn als ich, ziemlich schlaff vom nächtlichen Computerspiel in Indiens Silicon-Valley, völlig unvorbereitet meine Türe aufstieß, da lag sie vor mir. Riesig. Mindestens doppelt so groß wie die mir vertraute Art, so an die sechs Zentimeter lang und, wie ich glaubte, flachgetreten – inmitten einer ganzen Schar derselben Ameisen, die immer schon um meine Bananen kreisten und mir nahelegten, keine Kekse mehr im Zimmer zu lassen.

Voller Ekel, in einer Art panischer Überreaktion, schubste ich die gräßliche Erscheinung gänzlich unwissenschaftlich mit meinen Sandalen unter dem Türpalt hinaus und auf den Flur, nur weg mit dem Biest – und weg war's. Doch kaum daß ich diesen unreflektierten Schubs getan hatte, besann ich mich wieder meiner beabsichtigten Forschungsaufgabe, öffnete sofort wieder die Türe, um doch wenigstens über das Aussehen des zertretenen und verschubsten Exemplars eine halbwegs ästhetische Aussage machen zu können. Doch weg war es. Wo ich auch suchte, mit jäh entbrannter Leidenschaftlichkeit eines Insektenforschers, selbst in einem weiteren Umkreis, als die Schubsweite meiner Sandalen gebot, nirgends eine Spur der vermeintlichen Leiche, und auch der Spalt zwischen Türe und Boden war zu hoch, als daß sie da noch klemmen könnte.

Nun wurde mir klar, sie war nicht tot, die ich da voller Abscheu zum Türspalt hinausschubste. Noch bevor ich dieses langgesuchte Insekt meiner Begierde richtig beobachten konnte, hatte es mich schon überlistet.

Ja wie hätte es auch zertreten sein können, hatte ich doch den einzigen Schlüssel zum Vorhängeschloß, und im Zimmer war sicher niemand. Die Lockangebote für Diebe, ein paar in der Nachttischschublade pseudoversteckte Hundertrupienscheine und Fotokamera zur Befriedigung und Ablenkung von den hinter dem

Waschbecken und im Klosettkasten besser versteckten Papieren, Flugtickets und Hundertfrankenscheinen, alles unberührt. Auch fleißiges oder neugieriges Personal mit Nachschlüssel kann ich ausschließen, denn weder wurde im Bad geputzt, noch der Boden gekehrt oder gar aufgewischt, und auch die spannenden Objekte wie Badetäschchen, Brillenetui und Zeichenblock blieben gänzlich ignoriert. Und barfüßig, wie die Angestellten hier im Pooja Paradies umhergehen, kann niemand unbemerkt eine solche Kakerlake zertreten und so das zerquetschte Objekt des Anstoßes mitten auf dem Fußboden liegen lassen. Selbst meine Untersuchung der vermeintlichen Quetsch- und Schubsstelle ließ keine Spur von Blut oder abgetrennten Körperteilen sichern.

Genug der kriminologischen Beweisführung, zurück zur insektologischen Folgerung: Karnatakische Kakerlaken können, in aussichtsloser Lage erspäht – auf offenem Feld und bei entsprechend schlechter Fluchtmöglichkeit – um nicht zertreten zu werden, sich als schon zertreten tarnen (wer zertritt schon ein zertretenes Tier), nehmen einen Schubs in Kauf, um dann von einer besseren Position heraus zu einer erfolgversprechenden Flucht anzusetzen.

Aber waren da nicht noch Ameisen auf ihr und um sie herum? Sie haben der ganzen Inszenierung ja eigentlich erst den untrüglichen Eindruck des Zerfledderten und Leichigen gegeben. Diese Biester! Das laß ich mir nnicht noch einmal gefallen. Die Forschung geht weiter im Pooja Paradies. *Marcel Kalberer*

2. Hausschabe (Blatella germanica), *das Weibchen trägt am Hinterleibsende eine Eikapsel; 3. Küchenschabe* (Blatta orientalis); *4. Amerikanische Großschabe* (Periplaneta americana).

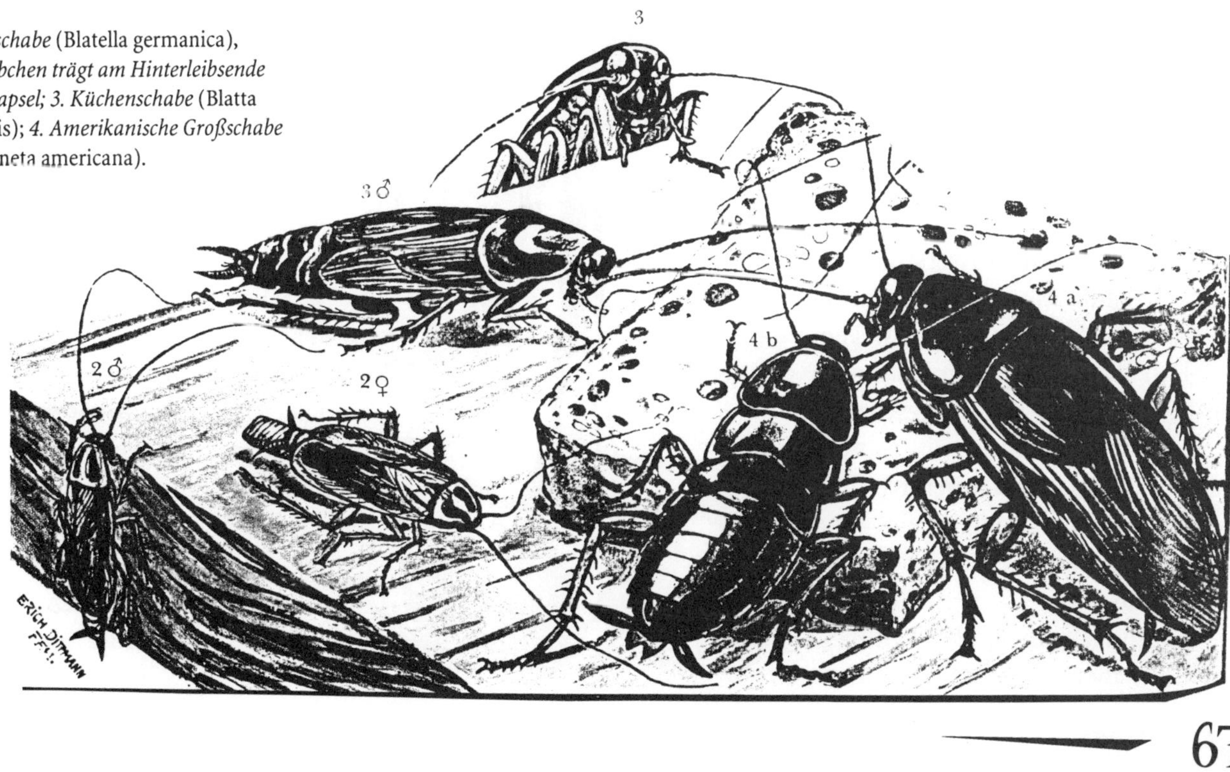

SelbstReflexionen

Warum habe ich mir bisher über die Kakerlake noch keine Gedanken gemacht?

Ich selbst, das überlegene, selbstbewußte, starke, kraft meines Verstandes so einnehmend wirkende Wesen. Kein Mensch kann mich so abschrecken, wie dieses niedlich-ekelhaft gepanzerte Tierchen ... Verdrängt der Gedanke an eine friedliche Koexistenz mit einer Kreatur, die doch von der Natur ebenso gewollt ist. Warum? Aus unzähligen Kleiderschränken in subtropischen fast-Zivilisationen strömten sie mir, vom plötzlichen Lichteinfall erschreckt, paranoid entgegen, unfähig, sich auf einen sinnvollen Fluchtweg zu konzentrieren.

Und ich, grundsätzlich dem Töten oder den Leben einschränkenden Grundprinzipien abgeneigter Mensch habe nichts Besseres zu tun, als ein solches verschrecktes Tierchen mit dem Wasserstrahl der Dusche kaltblütig im Abfluß zu versenken - Mörder, elender! Von wegen.

Den Strahl, behaftet mit eigenem schlechten Gewissen, ausgeschaltet. Die Brause dennoch mit subtiler Genugtuung in ihre Verankerung zurückgehängt. Dann - ein ewig währender Moment der Stille. Atempause.

Ein dürres, im Vergleich zu meinen anmaßend mjestätischen Gliedmaßen ersteinmal lächerlich schwaches Beinchen erscheint mit seinen unsichtbaren Widerhaken am Rande des Abflusses. Ebenfalls unsichtbare Muskeln ziehen den schweren Panzer aus seinem vermeintlichen Grab zurück ins verabscheute, aber Leben spendende helle Licht. Meine Gesichtszüge entgleisen. Visionen während schlafloser Stunden verwischen mein geistiges Auge: Armeen von Tierchen, von un-menschlichem Lebensdrang und blinder Vergeltungssucht angetrieben, werden mich, unablässig über das Opferbett krabbelnd, bis zum letzten Tropfen sicherlich gnadenlos aussaugen...

Zurück zum Warum? Warum habe ich bisher diese selbstverständliche Begleiterin tropischer Reiseerfahrungen mit solch fast schon 'notwendiger' Verachtung bedacht? Was macht hier Angst? Kindheitstrauma? Anerzogener Ekel? Oder was sonst? Wie kann ein orientiertes, in sich selbst ruhendes menschliches Wesen plötzlich eine derartige panische Angst empfinden?

Der für eigene Prinzipien irrationale Überlebenswille des Tieres, das wagemutig den Wassermassen trotzt und dem drohenden Untergang so selbstverständlich entgeht? Steht die doofe Kakerlake im Gewinn-Verlierer-Spielchen mit dem Autor etwa als souveräne Siegerin fest?

Bernhard Albers

Eine Ur-Freundschaft in Algier

Wir kamen aus der Wüste und mußten noch eine Nacht in Algier verbringen, ehe wir nach Deutschland fliegen konnten. Da irgend ein Kongreß war, gab es nur ein sehr schäbiges Zimmer in einem vor allem von Saisonarbeitern bewohnten Hotel.

Das Zimmer ließ sich nicht abschließen, und an dem Fenster zum Hof führte die Feuerleiter nach oben vorbei. Walli, damals sechseinhalb Jahre alt, half mir tatkräftig beim Verrücken der Möbel: Kommode vor die Tür, Schrank vor das Fenster. Beide wunderten wir uns über die Blutflecken auf dem Boden und fühlten uns wirklich ziemlich bedroht. Erschöpft fielen wir schließlich ins Bett, Walli steckte ihren Daumen in den Mund und zog genüßlich ihr Nuckeltuch unter der Nase durch, ich erzählte ihr eine Geschichte.

Da deutete sie wortlos nach oben zur Decke. Genau über uns hingen an der Decke sechs oder sieben wirklich riesige Kakerlaken. Ich hatte in meinem ganzen Leben solche großen Kakerlaken noch nie gesehen. Ich war verblüfft, wie cool Walli die Anwesenheit der Kakerlaken aufnahm.

"Schau mal wie groß die sind", sagte sie, ohne den Daumen rauszunehmen.

"Drum die Blutflecken", sagte ich. "Wie barbarisch! Solche uralten klugen Tiere einfach totzuschlagen."

Ich änderte sofort das Einschlafprogramm und erzählte Walli, daß Kakerlaken die ersten Tiere auf der Erde waren, die nicht im Wasser lebten, und daß sie praktisch unbeschadet und ohne ihre Gestalt wesentlich zu verändern, alle erdgeschichtlichen Veränderungen, Katastrophen und Klimaeinbrüche überlebt hatten.

"Sie können sich vollkommen an die vorgefundenen Lebensbedingungen anpassen," sagte ich sinngemäß. Ich lobte sie in höchsten Tönen: ihre Klugkeit, ihr Alter, eigentlich alles, in der Hoffnung, meine Panik niederzukämpfen, die sich hauptsächlich aus der Vorstellung nährte, sie könnten nachts abstürzen und genau auf uns landen.

"Hast du Angst vor denen?" fragte Walli, der ich sowieso nie etwas verheimlichen konnte. Ich teilte ihr meine Befürchtungen mit.

"Du mußt ihnen halt sagen, daß sie das nicht tun sollen," meinte Walli, die in der Wüste einen Skorpion mit der Begründung über ihre Hand laufen ließ, daß sie doch selbst auch Skorpion sei.

Ich stellte also mein telepathisches System auf Sendung und sagte: "Da ich nicht so alt und weise bin wie ihr, habe ich vorsintflutliche, kulturell unterentwickelte Anwandlungen von Grusel, wenn ich euch sehe. Bitte, bitte, fallt nicht auf uns herunter. Tut mir leid, daß ich noch nicht weiter bin."

Etwas Erstaunliches geschah. Der ganze Pulk Kakerlaken rückte etwa einen halben Meter weiter, praktisch neben das Bett. Jetzt wären sie bei einem Absturz nicht mehr direkt auf uns gelandet.

Wir schliefen beide in dieser Nacht unglaublich gut, die Kakerlaken fütterten uns mit urzeitlichen Informationsimpulsen und wichtigen Überlebensinformationen, und wenn ich heute an die Kakerlaken denke, tue ich es mit großer Wärme und Herzlichkeit, ja, mit verwandtschaftlichen Gefühlen, was auch zur Folge hat, daß alle anderen Kakerlaken meine Vertrauten wurden. Bilde ich es mir nur ein, oder respektieren und lieben sie mich dafür?

Luisa Francia

Hey, warum sollten wir nicht miteinander leben können?

Vor einigen Jahren lebte ich in Fort Lauderdale, Florida. Meine Frau und ich hatten mit den heimischen Kakerlaken, die etwa 4 cm lang sind, große Probleme. Wann auch immer wir das Haus betraten, sahen wir ihre flinken Körper unter den Schränken und um die Ecken verschwinden.

Aber nicht nur Kakerlaken bedrängten unseren Lebensraum, auch giftige Spinnen. Eines Nachts versuchte ich, eine dieser Spinnen zu killen. Ich war mit einer Dose Giftspray bewaffnet und versuchte die Guerillataktik: anschleichen, schnell lossprühen und weglaufen, bevor sie mir Unheil antun konnte. Nun, nach der x-ten Attacke war sie zwar voll mit Gift eingestäubt, aber noch quietschfidel.

Nach der etwa 15. Attacke standen wir uns gegenüber und schauten uns gegenseitig mit haßerfüllten Blicken an. Dabei hatte ich das merkwürdige Gefühl, beobachtet zu werden. Ich fühlte mich nicht bedroht, es war eher ein neugieriger Blick, der mich da von hinten zu erfassen schien. Als ich mich umdrehte, saß dort auf dem Küchenschrank eine dicke, fette Kakerlake. Sie bewegte sich nicht, sondern ließ nur permanent ihre Fühler spielen. Ihr Blick vermittelte ein ungläubiges Staunen ob meines Tuns.

Ich kam mir in der Tat ziemlich bescheuert vor, wie ich da, mitten in der Nacht, mit einer Sprühdose in der Hand vor einem wahren chemischen Schlachtfeld rumstand. Mir wurde klar, daß diese Insekten mich nicht hassen. Sie versuchen ja nur, ihr Leben zu leben. Warum also versuchte ich so verkrampft, sie auszulöschen? Da ich plötzlich eine starke mentale Verbindung zwischen der Kakerlake und mir empfand, versuchte ich ihr meine Aktionen zu verklickern. Das war anfangs schwierig, da ich bislang noch nie an die Möglichkeit einer telepathischen Kommunikation mit Kakerlaken gedacht hatte. Ich erzählte ihr, daß es ja nichts persönliches sei, daß ich oder andere versuchen würden, sie umzubringen. Es sei nur so, daß wir uns nicht wohl fühlen würden, wenn sie den ganzen Tag in unserem Haus, und vor allem in unserem Blickfeld, herumrennen würden. Es ekelt Leute nun mal, wenn sie ihre Schranktüren öffnen und dort eine KakerlakenParty stattfindet, verdammt noch mal. Natürlich sei grundsätzlich nix an ihnen schlecht. (Ich versuchte, mich diplomatisch auszudrücken).

Mich beschlich das Gefühl, daß meine Gedanken vielleicht doch nicht so konstruktiv seien, also legte ich noch einen zu, bot einen Kompromiß an: "Warum verbleiben wir nicht so: Immer wenn hier Menschen anwesend sind, das heißt vor allem tagsüber und am Abend, haltet ihr euch außer Sichtweite. Nachts, wenn wir alle schlafen, könnt ihr das ganze Haus für euch haben - solange ihr nicht in unsere Betten kommt. Versichert euch, daß wir pennen, bevor ihr ausschwärmt. Es macht mir wirklich keinen Spaß, euch zu killen, aber irgendwie habe ich diesen Drang, wenn ich euch sehe. Ich stehe unter großem familiärem und sozialem Druck, euch unser Haus nicht einfach kampflos zu überlassen. Also, wenn ihr euch nur nachts hier rumtreibt, wird es keine Probleme geben. Ich werde weder Gift ausstreuen noch Fallen aufstellen. Und ihr laßt uns in Ruhe. OK?"

Ich erhielt keine Antwort. Er drehte sich einfach um und ging weg. Die Unterhaltung war offensichtlich beendet. Aber ab jenem Tag haben wir nie wieder eine Kakerlake in unserem Haus gesehen. Sie fressen nach wie vor die Brotkrümel weg, aber nur noch spät in der Nacht.

Ich habe dies meinen Freunden erzählt, naja, einigen wenigen. Man bat mich, sie doch zu besuchen um mit ihren Küchenschaben zu reden. Ich fand heraus, daß vor allem die großen gute Zuhörer sind. Ein- oder zweimal erreichte ich, daß sie sich an die Abmachung hielten und fortan in Harmonie mit den Menschen lebten. Bei den kleineren Exemplaren hatte ich weniger Erfolg. Ich weiß nicht, ob sie auf einer anderen Wellenlänge funken, aber sie hielten sich nie an meine Angebote.

Mit der Spinne war es etwas ganz anderes. Sie dachte wohl, die Unterhaltung mit der Kakerlake habe mich völlig eingelullt. Plötzlich sprang sie in meine Richtung. Ich aber hatte aufgepaßt, meine Überlebensinstinkte waren intakt. Als ich sie im Augenwinkel auf mich zukommen sah, sprang ich zwei Schritte zurück und sobald sie den Boden berührte, trat ich sie tot.

Stephen Finn
CoEvolution Quarterly

Gesunde Kakerlaken in Bangladesh

In den vergangenen zwei Jahren habe ich für die Vereinten Nationen in Bangladesh gearbeitet. Bangladesh ist, im Gegensatz zu dem, was man häufig in der Presse liest, ein sehr fruchtbarer Boden für Entwicklungshilfe, vor allem auf dem landwirtschaftlichem Sektor. Ich bin mir sicher, daß die Früchte der heutigen agrokulturellen Forschung im kommenden Jahrhundert zu den Exportschlagern des Landes gehören werden.

Zu den Hauptpunkten unserer Forschung gehört der Einsatz von Kakerlaken als Düngemittel, als Fischfutter und als Proteinquelle für menschliche Nahrung.

Wir werden, egal in welchem Klima und unter welchen Bedingungen, mit Kakerlaken leben müssen. Warum sollen wir ihnen nicht die Chance geben, eine vitale Rolle in der Entwicklung, oder gar dem Überleben unserer Welt zu spielen? Die Kakerlaken in Bangladesh gehören zu den gesundesten und gehaltvollsten, die ich je gesehen habe. Die größten sind bis zu 10 cm lang und können vogelgleich fliegen. So bieten sie sich an, gerade hier experimentell als Dünger eingesetzt und auf Fischfarmen als Fischfutter getestet zu werden. Außerdem experimentieren wir daran, sie auch als alternative Energiequelle zu nutzen. Auch auf dem Nahrungssektor versuchen wir herauszufinden, wie man Kakerlaken, oder zumindest Teile von ihnen, zum menschlichen Verzehr zubereiten kann. In Thailand und weiteren Ländern in SüdostAsien gelten sie schon lange als Delikatessen. Über dem offenen Feuer geröstet schmecken sie etwa wie knusperige Schrimps.

Ich bin mir sicher, daß dies keine völlig neuen Ideen sind. Einige von uns hier planen, entsprechende Forschungsprogramme auszubauen.

Betty Lopate, CoEvolution Quarterly

Turn! Turn! Turn!

Weißt du, wer ein Erdbeben vorhersagen kann? Dein kleiner Insekten-Bruder! Die Küchenschabe dreht sich kreisförmig, um ein kommendes Erdbeben anzukündigen.

Sun Bear & Wabun Wind
Die Erde liegt in unserer Hand

Das Kakerlaken-Gericht tagt

Mantuk war alt, steinalt. Er war wohl der älteste Mensch, den ich jemals zu Gesicht bekommen hatte. Der balinesischen Antwort auf Methusalem hätte ich 160 Jahre ohne mit der Wimper zu zucken abgekauft. Mantuk bewegte sich gebückt geradewegs auf die Feuerstelle zu und holte aus einem n Topf eine handvoll der langstieligen Pilze, die er akkurat in einem Zeitungspapier einwickelte. Das gab er mir. Der Alte lächelte für eine tausendstel Sekunde, dann bat er mich mit einer Handgeste, zu gehen.

Mein Zimmer war von 12 Stunden solarer Wellblechbestrahlung aufgeheizt wie eine Sauna. Es war kaum ein halbe Stunde vergangen, als die Wirkung der Pilze einsetzte. Ich öffnete Tür und Fenster, zündete ein paar Kerzen an und legte mich zum Meditieren hin, als sich mein seit Tagen nicht mehr zu seinem Recht gekommener Darm vehement zur Entleerung meldete. Scheiße. Im wahrsten Sinne des Wortes. Ausgerechnet jetzt...

Ich erhob mich und wackelte mit weichen Knien ins Clo. Licht an. Klack! Drei Kakerlaken huschten über den himmelblau gekachelten Boden und suchten nervös Schutz vor dem grellen 80 Watt-Licht und einem verstörten Homo sapiens, der ins Zimmer zurückstürzte, um seine Badelatschen zu holen.

Was in aller Welt hatten mir diese Tiere angetan? Gab es ein Kindheitstrauma? Waren sie Sündenböcke meines geplatzten Bali-Traums? Fragen, die ich mir in jener Nacht stellte. Ich war besessen von Mordlust. Ich kann mich nicht erinnern, jemals in meinem Leben so ein Gefühl gehabt zu haben. Es erregte mich, kitzelte meine Nervenenden wie eine Prise Kokain, und es ließ mich nicht mehr los. Während Moral und Verstand im Normalfall einhellig beschließen, solche Nebensächlichkeiten, wie beispielsweise ein paar umhertrippelnde Insekten, einfach zu ignorieren, blieb ihnen in dieser Nacht das Nachsehen. Denn längst hatte mich eine andere Macht zu ihrem Spielball auserkoren. Im Spiel mit meinem eigenen Ich. Ich vergaß, daß ich Pilze eingenommen hatte, selbst daß ich scheißen mußte. Ich dachte nur an die zwei Kakerlaken und an diese eigenartige Mission, diese zu töten.

Sie waren chancenlos. An meiner Sandale lief der Sabber herunter. Ich hielt sie in der Rechten und starrte auf die Kacheln des balinesischen Scheißhauses. Mein hungriger Magen hatte die Pilzmahlzeit gierig aufgesogen, das Psilocybin entfaltete seine Wirkung. Die Kacheln pulsierten im Rhythmus zu den mit grünem Schimmel benetzten Fugen. Was für ein Farbenspiel! Ein Mikrokosmos aus Azurit und Malachit. Ein Paradies lag da auf den Kacheln und es pulsierte in der Frequenz meines Herzschlags. Plötzlich machte ich dunkle Flecken aus, die sich aus dem blau-grünen Gewaber immer deutlicher abhoben und schließlich grauenhafte Gestalt annahmen: Kakerlaken!

Mein Herz explodierte. Ich schwitzte und fror zugleich, immer noch regungslos an dem Gummilatschen klammernd. Dutzende von Kakerlaken konnte ich auf einmal da auf der Kachelwand erkennen. Jeder der zahlreichen Dreckflecken hatte sich in eines dieser Tiere verwandelt. Es war das nackte Grauen, welches da auf seinen Höhepunkt zusteuerte. Plötzlich sah ich, daß die Kakerlaken eine Formation angenommen hatten, und ich erkannte es sofort: Richter, Staatsanwalt, Beisitzer hier, Schöffen und Publikum da. Das Kakerlaken-Gericht tagte. Gekämmt, geschniegelt und mit grimmigem Blick.

Die Anklage war kurz und niederschmetternd: “Kakerlakenmord in drei Fällen. Aus niederen Beweggründen.” Ich war schuldig, daran bestand kein Zweifel. Die Beweisstücke klebten an verschiedenen Stellen meines Zimmers, beziehungsweise an der Tatwaffe, die ich immer noch verzweifelt festhielt. Mehr in flagranti geht nicht. Mir war klar, daß ich der einfachste Fall der kakerlakischen Justizgeschichte sein würde. “Schuldig!”, dachte ich so laut, daß es jeder im Gerichtssaal deutlich vernehmen konnte. Vielleicht halbiert ein Geständnis die Strafe. Ich mußte mir eingestehen, daß es grob fahrlässig war, mich nie mit dem Rechtssystem der Kakerlaken beschäftigt zu haben und mir blieb nichts weiter, als zu hoffen. In erster Linie darauf, daß Kakerlaken als aufgeklärte Insekten des späten 20. Jahrhunderts die Todesstrafe abgeschafft hatten. Eigentlich hätte ich sie ja verdient. Aber was gäbe es da zu halbieren? Ich fühlte mich hilflos, leer, schmutzig und ich schämte mich.

Das Gericht hatte nicht einmal nötig, das Urteil zu beraten. Ich schloß die Augen, um das Urteil abzuwarten und zwang mich, nicht an die möglichen Vollstreckungsarten zu denken. Tod durch Auffressen? Tod in der Kanalisation? Der Horrorfilm hatte seinen Klimax erreicht, mein Magen zuckte, die Sandale fiel mir aus der Hand und ich kotzte die Reste meines unbekömmlichen Abendmahls auf die Stelle an die Wand, wo das Kakerlaken-Gericht tagte. Es war verschwunden.

Ich habe lange Zeit keine Pilze mehr angerührt und nie wieder ein Kakerlak erschlagen.

Stefan Haag

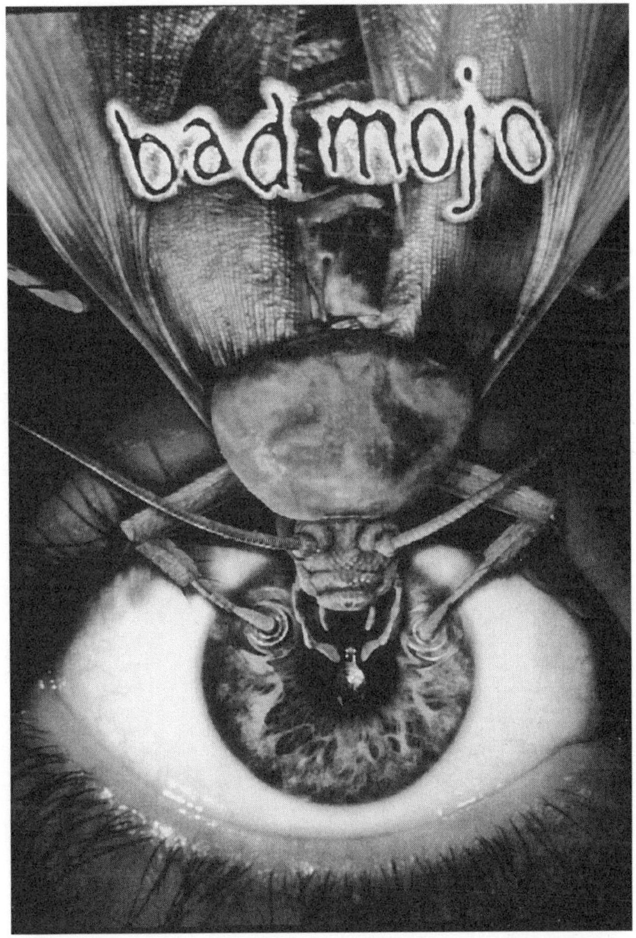

THE COCKROACH

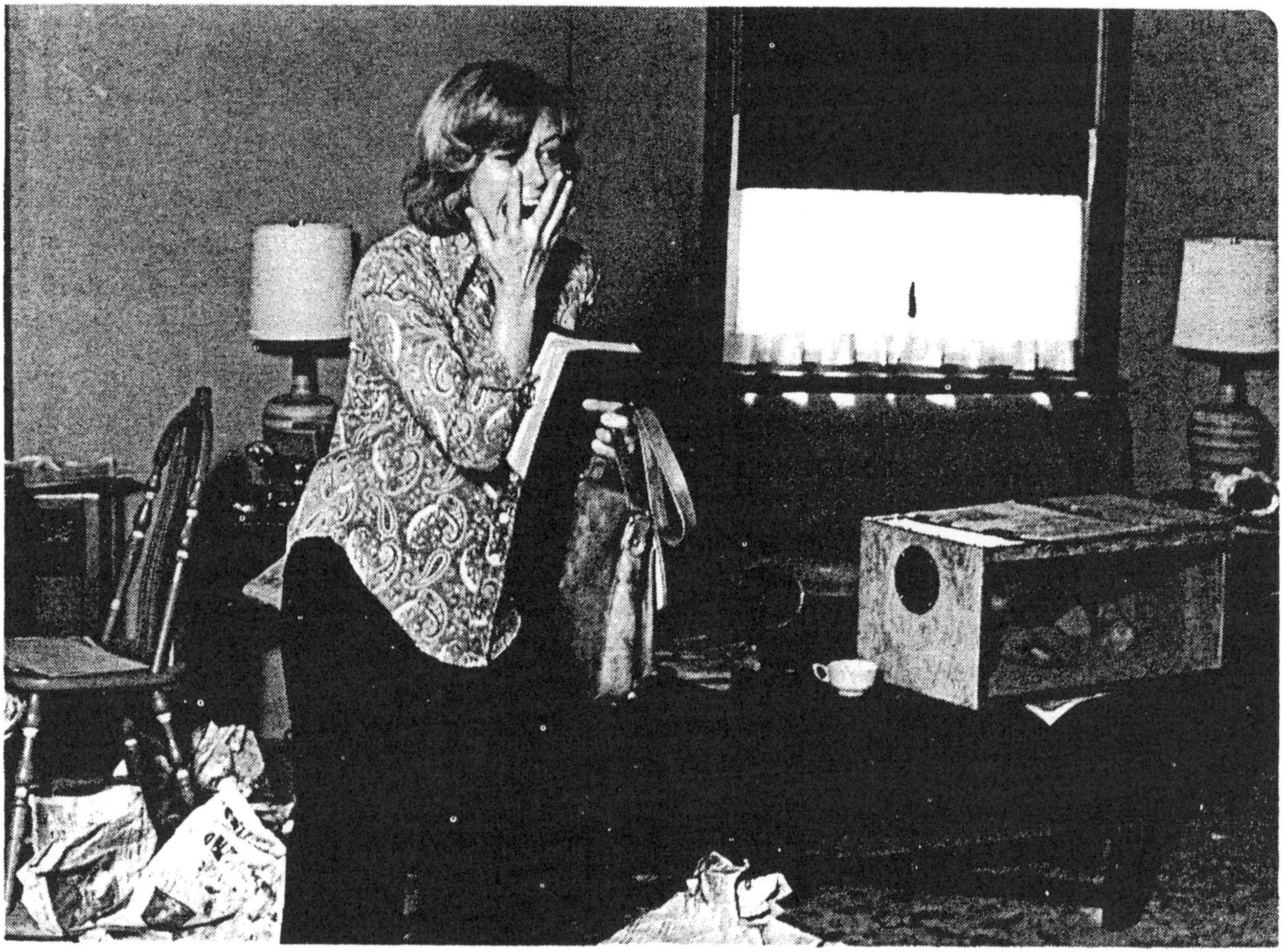

Horror of Horrors: der große Mensch ekelt sich vor kleinen Krabblern.

Warum verhält sich der Mensch bei Kakerlaken so irrational?

9

Der Ekel-Faktor & psychologische Defekte

Vorurteile werden geschürt

Kein Kind unter vier Jahren kommt von alleine darauf, eine Kakerlake ekelhaft zu finden. Das muß ihm schon jemand beibringen. Es wird allerdings auch kaum jemanden finden, der ihm die Kakerlake auf der Sympathieskala als Freund des Menschen ansiedelt. Warum?

Maurice Maeterlinck, ein Nobelpreisträger der Literatur, fand dafür folgende Worte: "Manches an Insekten scheint den Gewohnheiten, den Sitten und der Psychologie dieser Welt fremd zu sein, als ob es von einem anderen Planeten käme, nämlich ungeheuerlich, wirkungsvoller, gefühlloser, scheußlicher und entsetzlicher als bei uns." Ähnlich hat die ältere Generation auch in den 60er Jahren über die Beatles und Rockmusik geredet. Es handelt sich zuallererst wohl um eine angstvolle Abwehr von einer unerklärlichen, unheimlichen Macht. Urängste. Wie singt Jonathan Richman so schön kakerlakenkompatibel: "I'm stronger than you, you're simply bigger than me."

Kein Zweifel, natürlich sieht von Kakerlaken angeknabberte, eventuell mit ein paar Kotbrocken verzierte Nahrung nicht appetitlich aus. Da mag man sich schon ekeln. Aber das würde man auch, wenn man sich genau erkundigen würde, aus was für Bestandteilen ein Großteil unserer heutigen Nahrung besteht. Aber wer will schon wissen, was in der Wurst ist?

"Einen besonderen Geruch verbreiten die Deutschen Schaben weder mit ihrem Kot, noch durch Speichel, noch durch besondere Stinkdrüsen. Marlatt sagte (1896) im allgemeinen über den lang anhaltenden *roachy odor*, daß er einmal von Exkrementen herrühre, sodann von einer dunkelgefärbten Flüssigkeit, die aus dem Munde ausgestoßen werde, schließlich von den Stinkdrüsen am Abdomen beider Geschlechter der Schaben. Für die Deutsche Kakerlake treffen diese Angaben nicht zu, denn sie besitzt keine Stinkdrüsen."[35] Wohl gibt es bei den Amerikanischen und Orientalischen Schaben Stinker, aber *Blatta germanica* ist quasi geruchlos. Natürlich untermauern solche wissenschaftlichen Falschaussagen die Bereitschaft des Menschen, sich zu ekeln.

Über den ausgeprägten Reinigungsdrang der Deutschen Kakerlake berichtete ich bereits an anderer Stelle. Über den ausgeprägten Reinigungsdrang der deutschen Hausfrau berichtete im Januar 1994 BILD. Ein Kakerlakenforscher hatte im *Spiegel* festgestellt, daß

Deutschland-Seite — 11. Januar 1994 * BILD * Seite 3

Deutsche Hausfrauen wehren sich

„Keiner putzt besser als wir"

ind die deutschen Hausfrauen schmuddelig?

Der schwäbische Biologe Haschemi (48) atte behauptet: **„Wenn sich Kakerlaken n der Wohnung einnisten, sind die Hausrauen schuld – weil sie zu selten putzen."**

Immer mehr Kakerlaken sollen durch die itzen glotzen.

►►► **Dutzende empörte Hausfrauen efen BILD an.**

Jutta Klein (48, Münster): „Ich wirble täglich durchs Haus – Sauberkeit ist Ehrensache!" **Edith Lieblang** (50, Bietigheim-Bissingen): „Ich möchte nicht wissen, in was für einem Saustall ein Mann lebt, der so was behauptet."

Dagmar Maurer (28, Mannheim): „Meine Mutter wischte zweimal die Woche – ich dreimal." **Ingrid Peters** (48, Düsseldorf): „Ich sauge jeden Tag."

Carola Bayer (40, Stuttgart): „Die deutschen Hausfrauen sind keine Schweine, sondern picobello sauber." **Bettina Ostenrode** (30, Essen): „In der Küche und im Bad bin ich besonders empfindlich." **Helga Thomas** (44, Hamburg): „Ich wische schon täglich – wie oft denn noch?"

Vielleicht liegt's gar nicht am Putzen? Marion Weber (34, Leipzig): „Wenn Kakerlaken auftauchen, hat das nichts mit Sauberkeit zu tun."

Dr. Gudrun Gallhoff vom Institut Fresenius (Wiesbaden): **„Wenn die Kakerlaken erst mal da sind, helfen nur noch der Kammerjäger und die ‚chemische Keule'."**

PS: Die deutschen Hausfrauen geben jedes Jahr 5 Milliarden Mark für Putzmittel aus, 34,9 Millionen Staubsauger.

sich die Kakerlaken bei uns nicht nur auf Mülldeponien wie nie zuvor ausbreiten, sondern auch in deutschen Haushalten, da dort nicht mehr wie früher täglich geputzt würde, höchstens noch bei einigen fundamentalistischen Schwäbinnen (sic!). 'Wenn sich Kakerlaken in der Wohnung einnisten, sind die Hausfrauen schuld - weil sie zu selten putzen'. *Spiegel* Zitat. Was dann folgte, machte auf mich den Eindruck einer gezielten, gemeinsamen Kampagne der deutschen Reinigungsmittelindustrie und dem Verband der Kammerjäger:

'Albtraum der Hausfrau: Die ekelige Kakerlake (*Blatella germanica*) marschiert wieder durch unsere Küchen und Speisekammern.' BILD-Zitat. Das klingt fast so, wie vorwendige Drohungen vor den Russen. Hat man die Kommunisten als Feinde verloren, braucht es neue. Fixer & Kakerlaken kommen da gerade recht. Auszüge aus dem BILD-Portrait: "Nachtaktiv, lichtscheu. Allesfresser (Süßes, Fett, Bier). 2 Herzen: eines im Kopf, das zweite ein langer Schlauch durch den Körper...". Auf der Deutschland-Seite dann unter der Überschrift 'Deutsche Hausfrauen wehren sich' die Feststellung: 'Keiner putzt besser als wir'. Naja, außer der Kakerlake. Die absolute blanke Aufforderung zum Artenhaß, oder?

Schäden durch Kakerlaken

Kakerlaken fressen in unseren Regionen keine großen Mengen und richten auch keine bemerkenswerten Schäden an. Ausnahmen bestätigen die Regel. Da kreuchen und fleuchen in Mitteleuropäischen Haushalten viele andere Insekten, die unsere gelagerten Nahrungsmittel ungleich folgenschwerer verwutzen: Mehlwürmer, Maden, Milben, etc. Auch ein Kakerlakenfreund findet aber durchaus Gründe, über seine Lieblinge ein Speisekammerverbot zu verhängen:

1. Gerade da sich so viele Menschen auf Grund von Vorurteilen vor ihnen ekeln, sollte man diesen den PsychoStreß ersparen.

2. Kakerlakensichtungen in Restaurants und Lebensmittelläden sind schlecht für das Geschäft. Glücklicherweise kommen Konsumenten nie in Großküchen oder Colaabfüllanlagen. Letztere werden in der Fachliteratur als Hochburgen des Kakerlakenbefalls benannt. Sicher Zufall, daß Cola so Kakerlaken-farbig aussieht?

3. Sollten sich nicht-deutsche Kakerlaken in die Nahrung einschmuggeln, vermag deren Geruch in der Tat so ekelhaft zu sein, daß man ernsthaft fremdenfeindlich werden kann. Und er verschwindet nicht

Cockroach boom blamed for US children's asthma

Alex Duval Smith in Washington

A COCKROACH boom is the single most important factor in the escalating rate of asthma among poor children in the United States, scientists said yesterday.

Cockroaches, long a scourge of American city life and a boon to the extermination industry, are the main culprits in a two-thirds rise in childhood asthma cases since 1980, according to the New England Journal of Medicine.

durch den Kochvorgang.

4. Kakerlaken können bei ihnen angebotenen Krankheitskeimen kaum 'nein' sagen und verschleppen diese unwissentlich. Vorsicht also, wenn du ein paar Salmonellen rumliegen hast. Setz auf deine offenen Wunden keine Kakerlake, die du auf einer Intensivstation, im Krankenhausmüll oder auf einer Deponie gefangen hast.

5. Wenn du ihnen in der Küche nicht genügend Abfälle, Brotkrumen etc. überläßt, wird sie ihr Hunger dazu treiben, den Leim aus alten Büchern zu fressen oder andere Teile deines Hab und Gutes anzunagen.... oder zum Nachbarn auszuwandern.

Kakerlaken als potentielle Krankheitsüberträger - aber doch nicht böswillig!

'Es gibt keinerlei schlüssige Hinweise, daß Kakerlaken dazu beitragen, ansteckende Krankheiten in einem Maße zu verbreiten, daß sie statistisch erfaßbar wären.'[44] Was nicht bedeutet, daß man sie in Krankenhäusern als Untermieter willkommen heißen sollte. Schließlich besteht durchaus die Gefahr, daß 'die Deutsche Schaben bei ihrem Umherlaufen auf verwesenden und faulenden Stoffen sich mit Krankheitserregern beschmutzen können, und daß sie so die Rolle von Seuchenüberträgern, wenn auch nicht in dem Maße wie die Hausfliege, spielen können'.[35]

Kakerlaken Allergie

Die Ansteckungsgefahr durch Schaben ist in der Praxis äußerst gering, mehr Gefahr für's Volk bedeutet dagegen die Kakerlaken-Allergie, unter der viele Menschen leiden. Insektenallergien sind weit verbreitet, allerdings häufiger bei Bienen- und Wespenstichen. Wer jedoch leicht allergieanfällig ist, der sollte aufpassen. Von 600 Allergikern in einem New Yorker Hospital, reagierten 70% anfällig auf Kakerlaken, selbst wenn diese bei über 100° C gegart wurden. Am anfälligsten unter ihnen waren mit 59% Puertoricaner, weniger anfällig Afro-Amerikaner (47%) und Italiener (17%). Am unempfindlichsten von allen Menschengruppen waren Juden mit 5%.
Diese Zahlen entsprechen exakt dem durchschnittlichen Vorkommen von Kakerlaken in Haushalten dieser Ethnien.[30]

Mama, 's Kakalak hat gebissen!

Man muß schon gründlich in der Literatur nachforschen, um auf von Kakerlaken gebissene Menschen zu stoßen. Sie lassen sich jedoch finden. 1965 berichtete Forscher Hasselt, daß sich Kakerlaken von 'Rückständen auf dem Gesicht, vor allem auch Blasen' ernähren, ohne daß ich erfahren konnte, in welchem Zusammenhang es zu diesen Gesichtsbissen kam. 1948 berichtete Frings, daß vor allem getrocknete Milchrückstände in Gesichtern Ziel der Kakerlakenattacken in Krankenhäusern seien. Auf Schiffen wurden 1936 von Heiser Kakerlakenübergriffe auf Fingernägel und Augenbrauen schlafender Seeleute gemeldet.[44] Aus Brasilien wurden schon um die Jahrhundertwende Kakerlaken als Liebhaber von Kinderwimpern gemeldet.

Der Entomologe Phil Rau fand jedoch heraus, daß es die Kakerlaken auf die mineralienreichen Tränenrückstände und die Spuren vom Sandmann an den Augen abgesehen haben.

Stell dir vor, du siehst überall Kakerlaken, aber es sind keine da - Kakerlaken als psychologische Streßfaktoren

Nirgendwo auf der Welt scheinen Menschen ihren Lebensraum gerne mit Kakerlaken zu teilen. Während manche in ihnen ein unausweichliches Übel sehen und sich nur erregen, wenn sie konkret die Tierchen oder deren Spuren bemerken, werden andere beim bloßen Gedanken an ihre ungebetenen Untermieter krank. Es gibt Menschen, die sich nicht mehr trauen, andere zu sich einzuladen oder die sich nachts nicht mehr in die eigene Küche trauen - aus Angst vor den schnellen Sechsbeinern.

In Extremfällen kommt es zu menschlichem Extremverhalten. Im Jahr 1963 berichtete eine amerikanische Familie, daß ihr Heim von Kakerlaken überschwemmt würde. Objektiv gesehen war dem nicht so, aber subjektiv steigerte sich diese Familie so arg in ihre Phobie, daß sie das Haus verkaufte und wegzog. Die Autoren Schrut & Waldron berichteten von etwa 100 ähnlich gelagerten Fällen innerhalb von fünf Jahren, in denen es zu einer, wie sie es nannten, *'delusory parasitosis'* kam.

Obwohl der Ursprungsgrund für solche Kakerlakenphobien meist nur ein Ausdruck einer unterschwelligen Geisteskrankheit ist, wird manchen Menschen das alleinige Wissen, daß es Kakerlaken in dieser Welt gibt, zur subjektiven Qual, die sich durchaus auch in realen körperlichen Maladen äußern kann.

"Insektenangst ist die am meisten verbreitete irrationale Angst," erklärt Jerylin Ross, Präsidentin der amerikanischen Gesellschaft zur Erforschung von Phobien. "Man weiß nie, wann diese Tiere sich einen menschlichen Körper als Landeplatz wählen. Wenn wir erfahren, daß sie irgendwo in großen Mengen auftreten, haben wir unangenehme Gefühle. Was kommt da möglicherweise aus der Dunkelheit auf uns zu?"

Das *Wall Street Journal* macht uns mit konkreten Fällen vertraut: "Ein Mann berichtet, daß ihm die Erinnerung an folgenden Vorfall immer noch kalte Schauer über den Rücken jagt: Eine Schabe von 'Zigarrengröße', wie er sagt, landete auf der nackten Schulter seiner Freundin. Die Frau schrie laut auf und schüttelte sich. Das Insekt flog zur Zimmerwand. Der Mann griff nach einem Schwert, das dort zur Zierde hing, und schlug nach der Schabe, verfehlte sie aber. Die Waffe bohrte sich in die Wand. Die Schabe entkam, die Freundin fuhr mit dem Taxi davon und er zog um."

Ron Door, Psychologe in L.A. findet die Furcht vieler Menschen vor Insekten nicht verwunderlich: "Über das Leben von Gorillas und Killerwalen gibt es dickleibige Bücher, aber man kann niemals etwas über glückliche, freundliche Insekten lesen. Sie werden als Kreaturen der Finsternis betrachtet, ohne jegliche Fähigkeit für liebevolle Beziehungen zu anderen Lebewesen."

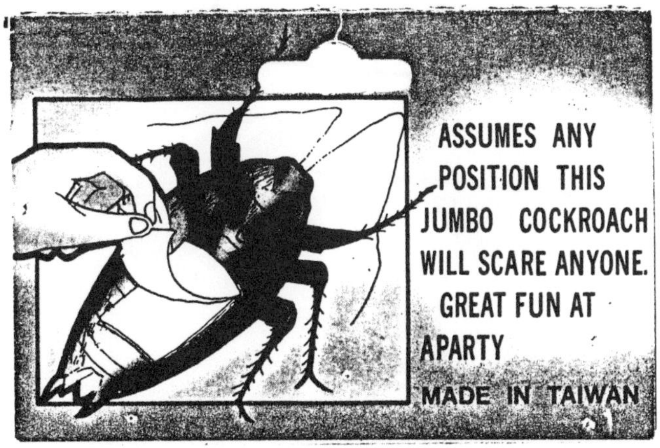

So ein Verhältnis bekommt man ja auch nicht leicht zu einer Spezie, die sich immer schnell davonmacht, wenn der Mensch auftaucht. Vielleicht leiden Kakerlaken ja an einer (nachvollziehbaren) Homo sapiens-Phobie?

Kakerlakenwahn versus Kakerlakenphobie

Kakerlakenwahn ist eine Psychose, die vorwiegend bei älteren Menschen anzutreffen ist, in jüngster Zeit aber auch vermehrt bei jüngeren Menschen (unter 30) auftritt. Die Patienten fühlen sich ständig von irgendwelchen Schädlingen belästigt, befallen oder bedroht und erfinden ohne ersichtlichen Grund (= Nachweis irgendwelcher tatsächlicher Vorkommnisse) Kakerlakenattacken.

Der Kakerlakenwahn darf nicht mit der Kakerlakenphobie (oder einer grundsätzlichen 'Ungezieferphobie') verwechselt werden. Unter letzterem Begriff versteht man den Ekel bzw. die Angst vor dem Kontakt bzw. dem Anblick von tatsächlich vorhandenen, aber eher harmlosen Tierchen wie Spinnen, Schnaken, Mäusen, Kakerlaken etc.. Diese Phobie fand in der voremanzipierten Zeit ihren Ausdruck in sog. Bildwitzen, wo Frauen auf Stühlen standen und ein Mäuschen neugierig zu ihnen aufsah. In vielen Filmen wird auf diese offenbar doch latent vorhandene Gruselbereitschaft weiter Kreise weiblicher *und* männlicher Kinobesucher spekuliert, wenn z.B. Spinnen enorme Giftigkeit bzw. Aggressivität angedichtet wird.

Der dunkle Strom

Der Bürgersteig wurde von den gelben Straßenlampen beleuchtet. Auf dem abschüssigen Asphalt floß ein Strom dunklen Wassers auf ihn zu. Wasser? Moon hielt an, starrte auf den Boden, atmete tief durch und sprang zur Seite.

Dieser Strom war eine Heerschaar von Insekten: agilen, hellbraunen Kakerlaken. Eine ganze Schabenflut floh den Weg entlang. Das Geräusch unter seinen Fußsohlen, das er eben auf dem dunklen Weg gehört hatte, stammte nicht von zertretenem Herbstlaub, wie er angenommen hatte. Von einer leichten Übelkeit befallen bemühte er sich, schnell diese groteske Fremdheit hinter sich zu lassen.

Finding Moon, Tony Hillerman

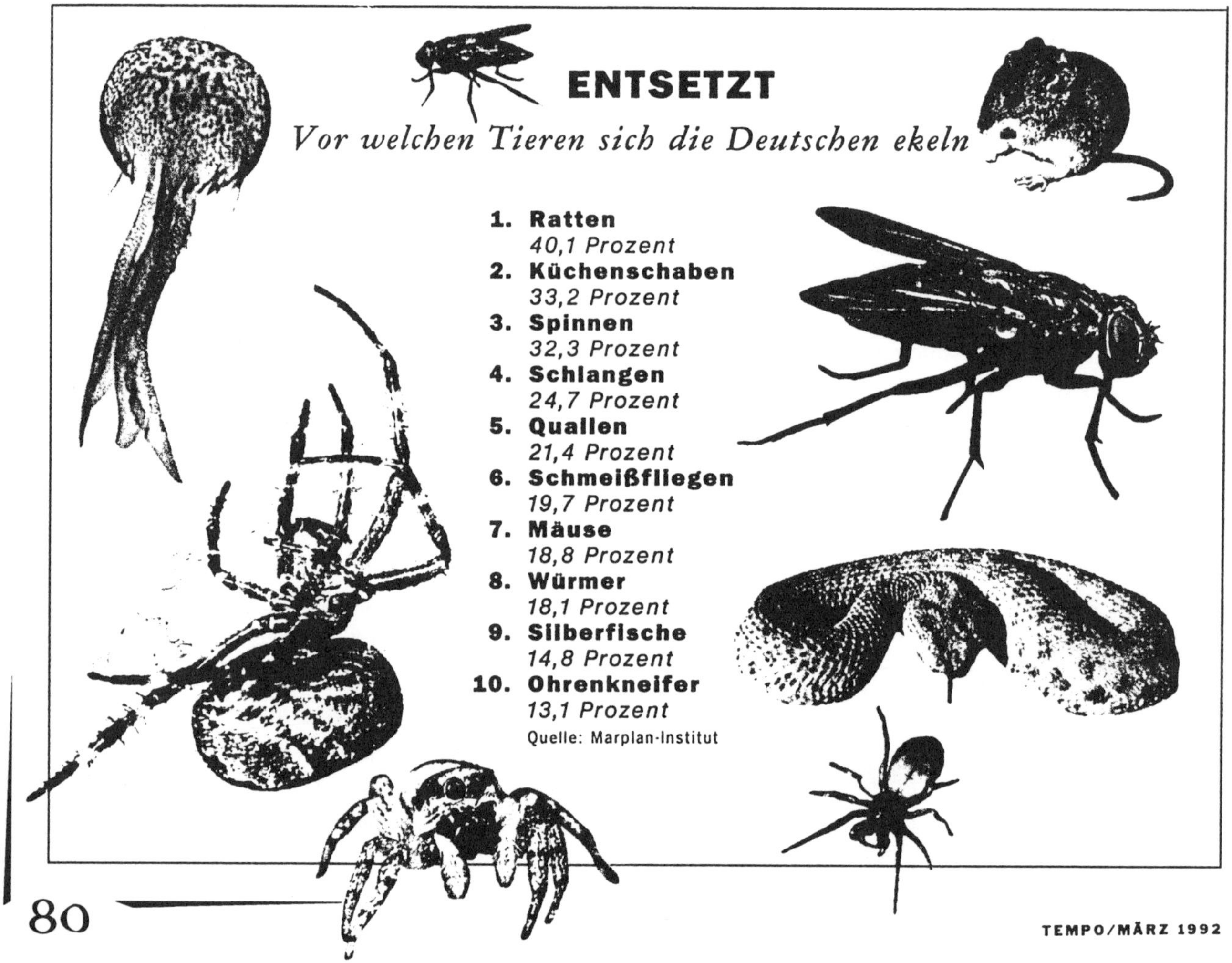

Kakerlakenspray gegen Männer?

Eine tiefenpsychologische Untersuchung der Firma Raid erbrachte überraschende Erkenntnisse über die Beliebtheit ihres Kakerlakensprays bei Hausfrauen im Süden der USA. Die meist in ärmlichen Verhältnissen lebenden Frauen hatten den höchsten Verbrauch dieser Sprays. Von Psychologen geleitete Befragungen ergaben, daß die Gefühle dieser Frauen beim Benutzen der Sprays gegen die Kakerlakenplage sehr ähnlich ihren Gefühlen gegenüber den Männen in ihren Leben waren. Sie sagten, die Roaches wie ihre Männer 'kämen nur, wenn es etwas zu essen gäbe'. Das Giftsprühen und die Beobachtung der Todesqual der Kakerlaken sei für diese frustrierten und machtlosen Konsumentinnen sehr befriedigend, meinte der Werbefachmann der Firma. *American Demographics, Nov. 1991*

Mi Sey Mi Caan Believe It

Mi sey mi caan believe it
Room dem a rent
Mi apply widin
But as mi go in
Cockroach, rat an scarpian also come in
Wan good nose hafi run
But mi na go sidung pan 'igh wal like
Humpty dumpty
Mi a face mi reality

RastaPoem über Vermieter

Kakerlake brach Mann die Rippen

Der Kampf einer Frau gegen eine Kakerlake in Tel Aviv endete damit, daß ihr Mann mit Verbrennungen seiner 'sensiblen Körperteile', gebrochener Hüfte und gebrochenen Rippen ins Krankenhaus eingeliefert wurde.

Die Frau fand in ihrer Wohnung eine Kakerlake, fürchtete sich vor ihr, trat auf sie und warf sie in die Toilette. Da das Tier immer noch rumzappelte, sprühte sie eine ganze Dose Insektenspray hinterher.

Als ihr Mann nach Hause kam, setzte er sich auf die Toilette, zündete eine Zigarette an und warf das Streichholz in die Toilettenschüssel. Bevor er sich versah, gab es eine riesige Exlosion, da sich die Insektizidgase sofort entzündeten.

Der Krankenwagen kam und als die Sanitäter die Geschichte hörten, mußten sie so lachen, daß ihnen die Bahre auf der Treppe aus den Händen glitt und der Mann die Stufen hinunterstürzte. Dabei brach er sich das Becken und mehrere Rippen.

Ein tyischer Fall, wo das Insektizid (und die Ehefrau und das Zigarettenrauchen) mal wieder weit gefährlicher waren als die Kakerlake - der man nichtsdestotrotz automatisch die Schuld unterjubelte ...

Diese Geschichte findet sich mehrfach z.B. in der Jerusalem Post nachgedruckt (ich habe sie aus dem Internet) - aber es handelt sich hierbei um eine dieser modernen Legenden, die man nur zu gerne glaubt und weitererzählt. Denn sie hätte ja auch wahr sein können - oder?

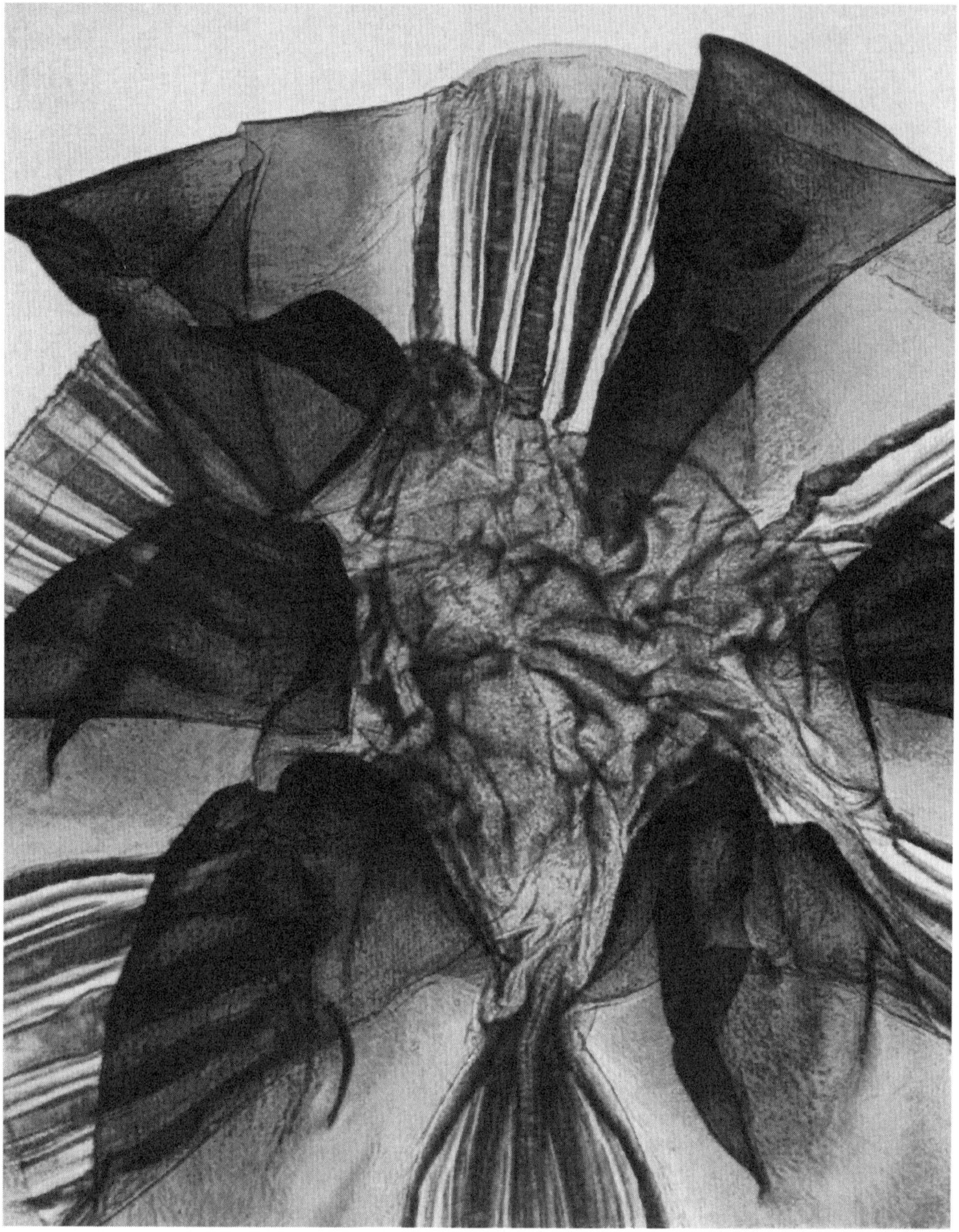

Dieses seltsame Schleiergebilde ist der Kaumagen der Schabe. Um den mittleren, muskulösen Hohlraum des Magens gruppieren sich Hartgebilde aus Chitin, der hier der Nahrungsverarbeitung dient.

10

Fressen & gefressen werden

Was ißt die Kakerlake und wer ißt sie?
zum Eßverhalten der Kakerlaken

Die Deutsche Kakerlake scheint, sofern eine Nahrungsquelle in der Nähe ist, allzeit zum Fressen bereit. Falls sie dazu eine größere Entfernung zurücklegen muß, fügt sie sich einem regelmäßigen, vom Tageslicht, bzw. von dessen Erlöschen abhängigen Rhythmus. Kakerlaken fressen gerne im Dunkeln. Videobeoachtungen haben ergeben, daß Kakerlaken in stark bevölkerten Populationen häufiger saufen, vor allem die Männchen. Hey, menschliche Züge! Die Macker ziehen auch öfter als die Weibchen los, wenn die Nahrungsquelle weiter entfernt ist. Sammler & Jäger. Sie sind aktiver und erforschen das weitere Umfeld mehr, verlieren aber dabei auch dreimal soviel Flüssigkeit.

Kakerlaken können extrem fasten: sie halten es im Normalfall gut fünf Tage ohne feste Nahrung und einen weit längeren Zeitraum ohne Flüssigkeitsaufnahme aus. Bei 27° Durchschnittstemperatur und ca 40% Luftfeuchtigkeit überlebt die Amerikanische Kakerlake folgende Zeiten:

	Männchen/	Weibchen
Weder Fressen noch Trinken	28 Tage	42 Tage
Trockenes Fressen, nix zu trinken	27 Tage	40 Tage
Kein Fressen, aber Wasser	44 Tage	90 Tage

Bei einem Versuch mit totalem Nahrungs- & Flüssigkeitsentzug, wurde festgestellt, daß junge Larven durchschnittlich 10 Tage überlebten, Männchen 15 Tage, ältere Larven 15 Tage, Weibchen mit Kokon 30 Tage und Weibchen ohne Kokon 40 Tage. Auch bei extremen Wärme- und Kälteversuchen zeigten die Weibchen eine erheblich höhere Widerstands- und Überlebenskraft.

Die Deutsche Kakerlakin bringt es nur auf jeweils die Hälfte der Zeiten der Amerikanerin, bevor sie verhungert und verdurstet. Der Deutsche Kakerlak schafft kaum ein Viertel der Überlebenszeit seiner Lebensgefährtin, wenn es nur Wasser gibt.[30]

Forscher, die das Eßverhalten unserer Freunde getestet haben, zählen folgende Delikatessen auf:

Gekochte Rüben & Kartoffeln, eingeweichtes Weiß- und Schwarzbrot, Honig, Zucker, abgestandenes Bier. Gemüse. "Es kommt den Tieren nicht darauf an, ob die Gemüse noch in tadellosem Zustand sind; selbst wenn das Futter schon schmierig und angeschimmelt war, wurde es noch gerne gefressen."[35]

Verschiedenste Fette und Öle wurden begierig angefressen, dann aber nicht weiter beachtet. "Sie schlabbern die salzigen Schweißrückstände aus Tennisschuhen, knabbern Bakterien und Schimmelpilze von Fliesen, kratzen Speisereste von der Wand, den süßen Klebstoff von Briefmarken, Leim von der Tapete..".[20]

In der Literatur findet man vielerlei Angaben, z.B. 'daß man auf offener See Ballen öffnete, die Reis und Getreide enthalten sollten, aber statt dessen Deutsche Kakerlaken gefunden habe', 'daß sie Stiefelwichse bis zum Leder von den Schuhen abfraßen und schließlich die Tinte ausgetrunken haben', 'und Ledereinbände von Büchern, insbesondere den Leim, der zum Einbinden benutzt wurde und die Goldlettern an den Buchrücken, um zur Eiweißpaste zu kommen, mit denen diese aufgeklebt waren.'

In einem Versuch wurden den Kakerlaken elf Nächte lang mehrere Fallen mit unterschiedlichen Ködern hingestellt. Sie nahmen sich Zeit, bis sie hinein tappten. Hier eine Übersicht [30]:

Köder:	erste Aufnahme:	Tiere insgesamt:
Gezuckerte Zimtkrapfen	3. Nacht	65 Tiere
Weißbrot	3. Nacht	44
Gekochte Kartoffeln	6. Nacht	22
Bananen	8. Nacht	10
Sellerie	8. Nacht	2
Hart gekochte Eier	10. Nacht	1

Die Nahrung wird erst geschluckt, im Cibarium zerkleinert und dann nochmal zum zweiten Einspeicheln in den Mund hochgeschickt, bevor sie zur weiteren Verdauung ins Körperinnere verschwindet. Die Schabe kaut mit dem Magen, der mit spitzen, harten Chitinzähnen und kräftigen Muskeln ausgestattet ist. Der Kaumagen ist eine hübsche Erfindung der Natur, um das mechanische Zerstörungswerk zu vervollkommnen.[28] Vor der Ausscheidung der verdauten Nahrung, wird dieser noch jegliche Flüssigkeit entzogen. Kakerlakenscheiße ist trocken.

Die meisten Insekten scheiden Harnsäure aus. Der Kakerlak lehnt diese Verschwendung ab: Steht er gut im Futter, baut er Eiweiß zu Harnsäure um und lagert sie in Fettkörpern ein. Wird das Futter knapp, gewinnt er die gebunkerte Energie mit Hilfe von Bakterien zurück.

Die Kakerlake furzt nicht nur alle 15 Minuten, sie pupst sogar noch achtzehn Stunden nach ihrem Tod. Insektenfürze enthalten etwa 20% allen Methangases, das die Ozonschicht vernichtet. Damit gehören Kakerlaken wie Termiten zu den größten Aktivisten der globalen Erwärmung.

Kakerlaken Kannibalismus
Eine Art recycelt sich selber

Wird die Fressenslage bedrohlich knapp, oder wird es in Laborunterkünften zu eng, greift der Kakerlak u.U. (wie in Extremsituationen auch der Mensch) auf den Kannibalismus zurück. Die Lebenden fressen die Toten, die Starken fressen die Schwachen. Protein ist Protein.

"Welche Teile frißt nun die Deutsche Schabe am Körper ihrer Artgenossen am liebsten auf? Im allgemeinen läßt sich sagen, daß die weicher chitinisierten Partien angefressen werden, und daß von diesen Fraßlöchern aus die eigentlichen inneren Weichteile ausgeschabt werden. Am Kopf bleiben stets die Scheitelplatten erhalten... Daß auch wirklich Chitin gefressen wurde, konnte ich durch Untersuchungen des Mageninhaltes feststellen."[35]

Der Beobachter meint erkannt zu haben, daß es nie Hunger oder Nahrungsmangel war, der die Kakerlaken zum Kannibalismus trieb. Ganz im Gegenteil: verhungerte Tiere wurden nie angefressen. Eher habe der Fraßdrang mit einer erhöhten Temperatur zu tun: je wärmer die Umgebung, um so ausgebildeter die kannibalistischen Triebe. Es gab aber auch immer wieder Individuen, die sich überhaupt nichts aus den Leichnamen ihrer Artgenossen machten.

Wenn wir uns auch vor kannibalischen Konzepten gruseln, für die einzelnen Kakerlaken mag dieses Recycling durchaus Vorteile haben. Wichtige Nährstoffe konzentrieren sich in den Körpern der Kannibalen, die dadurch noch stärker und überlebensfähiger werden.

Kakerlaken als Bereicherung unserer Speisekarte

"Die Insekten sind so reich an Proteinen, Lipiden und Kalorien, daß man die Menschen dazu ermutigen sollte, sie in ihre Nahrung einzubeziehen, besonders auch diejenigen, die an Proteinmangel leiden. In einem Land wie dem unseren, wo der größte Teil der Bevölkerung an Unterernährung und an Proteinmangel leidet, könnten die Insekten das preiswerteste Protein tierischer Herkunft liefern und Fisch und Fleisch ersetzen, die zwar proteinreich sind, die sich die Bevölkerung aber nicht leisten kann, weil sie zu teuer sind." Das meint der Wissenschaftler Goper an der Universität Manipur in Indien. Mit dieser Meinung steht er nicht allein.

Exkurs: Wer findet welche Nahrung ekelhaft?

Es sind vor allem Europäer und Nordamerikaner, die einen ausgesprochenen Ekel vor dem Genuß von Insekten und vor allem den Kakerlaken entwickeln. Allein bei dem Gedanken daran, wird den meisten von uns schon schlecht. Insekten sind für uns das, was Schweine für Moslems und Juden sind: dreckige, ekelhafte *NoNos*!

Ernährungsgewohnheiten sind stark vom kulturellen Umfeld, in dem man lebt, abhängig. Früher gehörten Insekten auch in Europa zum täglich' Brot. Was wir zu uns nehmen, kotzt Menschen anderer Kulturen an. So gilt in Indonesien und den Philippinen, wie auch weiten Teilen Chinas Käse als ekelerregend. Für viele Asiaten stinken wir MilchproduktBanausen nach Käse (nicht nur die Füße!). Außerdem ist's ja irgendwie pervers, anderer Wesen Muttermilch zu goutieren. Da sind Schaben, biomäßig gesehen, natürlichere Proteinquellen.

Eine Kuh, die vom Hindu nicht gegessen wird, versorgt selbigen mit Milch, Dünger, Leder und Zugochsen. Ein Pferd, das nicht gegessen wurde, arbeitete auf dem Acker und dem Schlachtfeld. Ein nicht verspeistes Schwein hat bestenfalls als BioDeponie einen Nutzwert.

Ein nicht gegessenes Insekt ist noch schlimmer. Es hat nicht nur keinen auf Anhieb erkennbaren Nutzwert, es zerstört Speisekammern und Felder, frißt dir dein Essen vom Teller, es beißt, sticht und saugt dein Blut aus. Wenn du es nicht frißt, frißt es dich. Insekten sind das tierisierte Übel, abgesehen von den wenigen Insekten, die andere ihrer Art verspeisen oder bestimmte Pflanzen bestäuben und uns mit Honig versorgen.

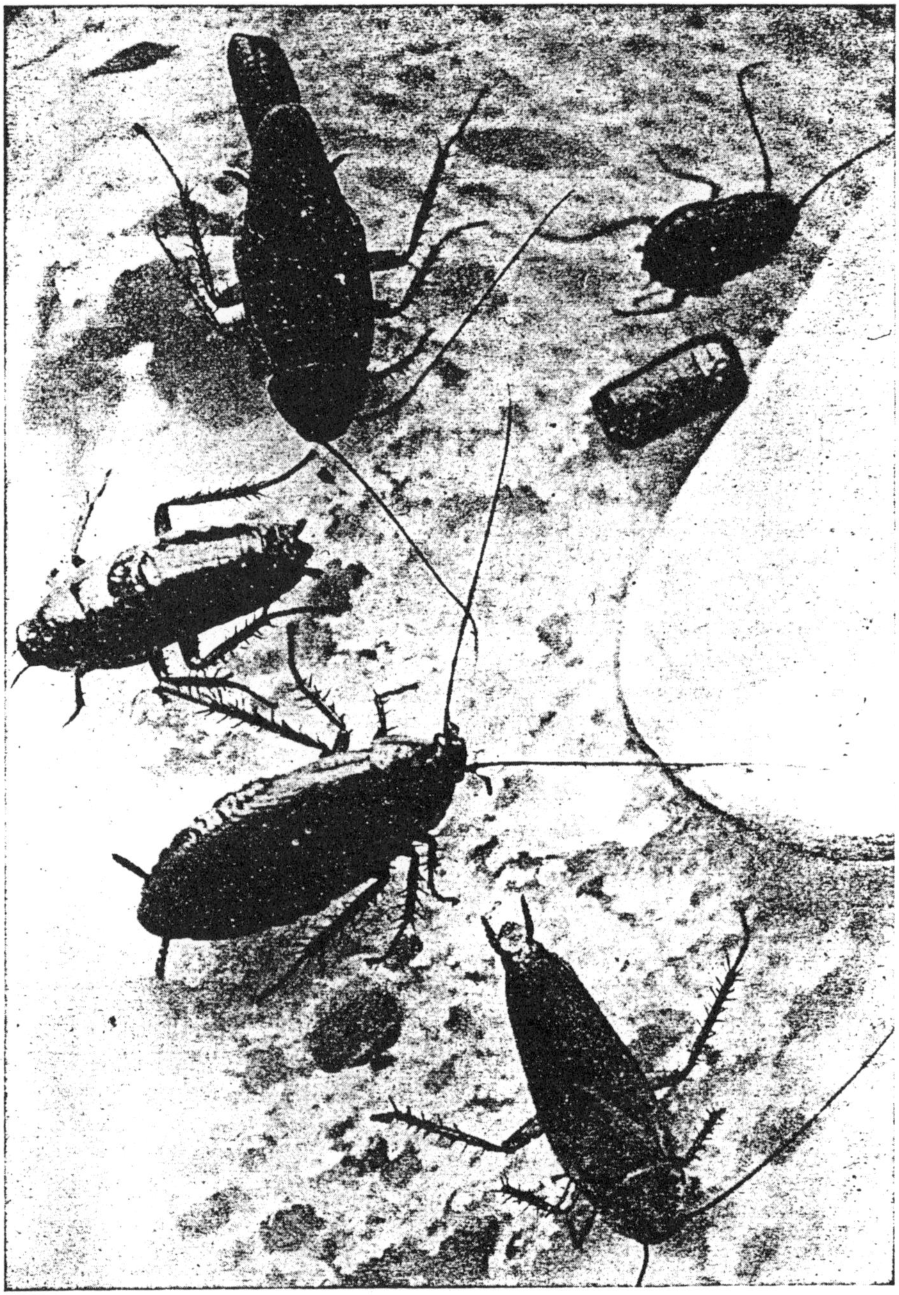

Was den Menschen bei Insekten vor allem fuchst, ist deren Anpassungsfähigkeit an die menschliche Kultur: Sie fallen in unsere Häuser ein, verstecken sich, wie z.B. die Kakerlake, heimtückisch hinter Schränken, in Kühlschränken und überall dort, wo man schlecht Zugang hat. Sie kommen nur heraus, wenn der Mensch schläft. Gemein! Kein Wunder, daß viele Menschen geradezu phobisch reagieren. Denn diese bösen, hinterhältigen Wesen attackieren uns quasi von außen und von innen heraus. Sie werden von paranoiden Menschlingen zu Ikonen des Schmutzes, der Angst und der Verwünschung erhoben.

Ich möchte nicht vergessen zu erwähnen, daß auch die Europäer Tiere in ihren Häusern halten, die durchaus keinen Nutzwert haben, die mehr und aromatischer scheißen und die nicht gegessen, sondern mit ekelhaftem Dosenfutter gepäppelt werden. Aber das ist eine andere Geschichte, oder? Tierliebe, sagt man.

Oder auch nicht. Es gibt Menschen, die etwas gegen Hunde oder Katzen haben. Feinschmecker aus anderen Kulturen, irgendwo auf der Welt, genießen diese Vierbeiner. Andere Zeitgenossen lieben ihre Boa oder ihr kleines Krokodil. Manche, so beschreibt es Geoff Alison in dem Buch *'Animal People'*, lieben die fast 10 cm große madegassische Kakerlake als lebendes Maskottchen daheim: "Sie hat so einen Spaß daran, auf meiner Hand herumzulaufen, immer wieder, hin und her, drüber, drunter, an der Seite lang.....". Zugegeben, Tiergeschäfte bei uns wären wohl schon lange Pleite, wenn sie vom Verkauf von Kakerlaken und Schlangen leben müßten. Aber vielleicht verdienen sich ja demnächst die Metzger ein Zubrot, wenn sie frische (yummy!) Kakerlaken anbieten?

Es ist schon erstaunlich, daß mancher Menschen Lieblinge anderer Menschen Delikatesse oder Ekelwesen sind. Warum eigentlich?

Die Theorie

Die Barriere, die sich vor dem Kakerlakenmahl für uns aufbaut, ist vor allem eine psychologische. Mögen auch nicht alle Kakerlakenarten gut schmecken, so sind manche doch, vor allem richtig zubereitet, ausgesprochen köstlich bis delikat. Der französiche Küchenmeister Bruno Comby hat ein umfangreiches Buch zum Thema, *'Köstliche Insekten'*, verfaßt.[7]

Er geht davon aus, daß die 'moderne', zunehmend künstliche Ernährung für unsere Gesundheit katastrophal ist. Er bringt kein Verständnis dafür auf, daß es in unserem Kulturkreis so viele Übergewichtige gibt, während die Menschen in vielen Teilen der Erde an Hunger leiden. Außerdem, so meint er, sei es doch endlich an der Zeit, alte Tabus, gerade was unsere vermeintlich frei gewählten Eßgewohnheiten angeht, zu überwinden: "Das Grauen, das in den meisten von uns allein bei dem Gedanken, ein Insekt zu essen, ausgelöst wird, ist ein Beispiel dafür. Dieses Grauen zu überwinden, mit positivem Blick auf die Insekten zu schauen, sich davon überzeugen, daß sie schmackhaft sind, obwohl man glaubt, sie schmecken abscheulich - das ist echte Psychotherapie."

Der ausufernde Fleischgenuß der Nordamerikaner und Europäer ist, auch jenseits aller moralischen Vegetariertheorien, global gesehen ein Skandal. Uns stehen bislang als alternative Proteinquellen zum Fleisch vor allem die Sojabohne und verschiedene Getreidekeimlinge zur Verfügung. Es ist an der Zeit, auch die proteinreichen Insekten als Nahrungsmittel ins Auge zu fas-

Die Schabe war unschuldig!

Mit einer Küchenschabe in der Handtasche ging ein japanisches Ehepaar monatelang gratis speisen - bis die beiden und ihr Sohn an die ungläubigen Kellner eines Toprestaurants in Osaka gerieten. "Herr Ober, da ist eine Kakerlake in meiner Suppe. Ich werde die Rechnung nicht bezahlen", rief der 34-jährige arbeitslose Lkw-Fahrer wie stets angeekelt. Doch weder die Drohung einer Beschwerde beim Gesundheitsamt, noch die Klagen des Elfjährigen über Bauchschmerzen fruchteten. Die Kellner riefen die Polizei. Schießlich gestand die Frau, daß der Kakerlaken-Trick ihrer Familie bereits üppige Gratismahlzeiten beschert hatte.

Die Welt, 6.12.94

sen. Kakerlaken sind zweckdienlichere Umwandler von Nahrung in Proteine als Schweine und Rinder. Ihr Ertrag ist dreimal so hoch.[34] Man kann sie mit unseren Abfällen mästen. Ein Fall gelungener Nahrungsökologie. Fast 4/5 aller Tiere auf der Erde sind Insekten, man kann sie in den unwirtlichsten Gebieten züchten & sie vermehren sich schneller als Karnickel.

Viele wissenschaftliche Untersuchungen (Genaueres kann man im Anhang von Combys Buch nachlesen) haben ergeben, daß

1. Insekten eine Quelle für Proteine von guter Qualität (leicht assimilierbar) sind;

2. Insekten von Völkern, bei denen sie Bestandteil der Nahrung sind oder waren, als Delikatesse betrachtet werden;

3. Insekten eine natürliche Nahrungsquelle darstellen, die im Überfluß vorhanden und leicht auszubeuten ist;

4. die industrielle Produktion von Insekten wirtschaftlich effizient ist und einen guten Ertrag erzielt.

"Auf wissenschaftlichem Gebiet geben uns die Insekten eine befriedigende Antwort auf die entscheidenden Fragen des 21. Jahrhunderts: Welche Proteinquelle verträgt der Mensch am Besten? Wie können die Völker Afrikas und der Dritten Welt, die an Proteinmangel leiden, am besten ernährt werden? Zudem können sie jedem einzelnen von uns dabei helfen, unser Bewußtsein zu erweitern, unsere Ängste und unsere Tabus zu besiegen und eine Lebensweise zu finden, die mit unserer Umwelt freundlicher umgeht, sowie eine natürliche Ernährungsform, damit wir besser, glücklicher und freier leben können"[7]. Natürlich müßte man schlagartig weltweit mit dem Einsatz von DDT und ähnlichen Kakerlakenvernichtungsmitteln aufhören, will man sich nicht selber vergiften. Aber solange die Alte die 3. Welt ausbeuten kann, tut sie es. Und sei es auf Kosten der Kakerlaken.

Zur Praxis

"Die industrielle Insektenproduktion könnte für Länder, in denen die Bevölkerung ganzer Regionen an Unterernährung leidet, ein wichtiger Proteinlieferant sein. Bei einigen Völkern sind Fliegen, Termiten und Heuschrecken schon heute eine Delikatesse. Fliegenfrikassee, eingelegte Schaben und geröstete Falter gehören zu den Gerichten, die am eiweißhaltigsten sind," so die Zeitschrift *'Science ilustrée'* (Februar '92).

Böse Zungen behaupten, die Chinesen würden mit Stäbchen essen, um ihre Speisen nicht, wie anderswo üblich, mit den Fingern essen zu müssen. Wegen der Würmer. So gesehen essen wir wohl mit Messer & Gabel, um nicht dauernd angeekelt die Kadaverteile auf unserem Teller anfassen zu müssen.

In der Tat bietet auch die chinesische Küche - in China, meines Wissens aber noch nicht bei uns - Elemente, die unserer Zunge fremd sind, vor allem die Speisepläne der Armen. Ihnen fehlen häufig ausgewogene Nahrungsmittel, vor allem eben Proteine und Fette. So deckt man den Bedarf in den seidefördernden Provinzen z. B. durch Seidenwürmer. In frühen industriellen Zeiten bestand die normale Tagesration des Bürgers aus Süßkartoffeln, dreimal täglich. Dazu gab es ein paar Bohnen oder etwas anderes Gemüse. Da bedeuteten Kakerlaken schon eine erhebliche gesundheitliche und zungentaktile Aufwertung der Kost.

Seit Tausenden von Jahren ernähren sich Menschen von Insekten. In ganz Afrika gibt es, regional natürlich wechselnd, verschiedenste Insekten als Leckerbissen. In Bali delikassiert man sich an gerösteten Fliegen und Schaben. In Laos gehörten zu jener Zeit geröstete Kakerlakeneier, sowie Spinnen zu den traditionellen Köstlichkeiten.

Ein Mister Claudell bereiste um die Jahrhundertwende Britisch Columbien und berichtete von dort: "Auf diesem Trip bekam ich Kakerlaken auf dreierlei Art vorgesetzt: lebendig in den Erdbeeren, à la Carte mit gebackenem Fisch und in Biscuits gebacken." Sein Kollege Blatchley dichtete:

"On every dish the booming beetle falls
The cockroach plays, or caterpillar crawls;
A thousand shapes of variegated hues
Parade the table or inspect the stews.
When hideous insects every plate defile;
The laugh how empty and how forced their smile."

Mahlzeit!

Einhundert Gramm afrikanischer Termiten enthalten 610 Kalorien, 38 gr. Protein und 46 gr. Fett. Im Vergleich dazu enthält ein mittlerer Hamburger 245 Kalorien, 21 gr. Protein und 17 gr. Fett.

Ein Nachteil der insektiden Ernährung ist die meist dicke Chitinschicht, die für den Menschen unverdaulich ist. Aber die Schalen von Hummern & Austern verzehren wir ja auch nicht.

Mein liebster Zyniker

"It's never racist to tell the truth .... The French aren't a race. They're a people who speak French and eat bugs."

P. J. O'Rourke, Q Magazine

Entdeckung der Chitin-Spaltung durch Albert Hofmann

Der Schweizer Chemiker und Philosoph Albert Hofmann, weltweit vor allem durch seine Synthetisierung des Psilocybin und Entdeckung des LSD bekannt, schrieb seine Dissertation über das Aufweichen von Chitin.

"Hochinteressant", kommentierte er meine laienhafte Anfrage, ob seine Entdeckung von damals, inzwischen ist er immerhin 91 Jahre jung, eventuell in den Zusammenhang dieses Buchkapitels gebracht werden könne.

"Meine Dissertation, die nur drei Monate beanspruchte, führte zur Aufklärung der chemischen Konstitution von Chitin, dem tierischen Gerüststoff, analog der pflanzlichen Zellulose. Es gelang mir, mit Hilfe des Magensaftes der Weinbergschnecke, Chitin in seine Bausteine zu zerlegen. Während die Zellulose aus Ketten von Zuckermolekülen (Glucose-Moleküle) aufgebaut ist, fand ich im Chitin einen stickstoffhaltigen Zucker als Baustein, nämlich Acetylaminoglucose. Dieser Stoff könnte ein wertvolles Nahrungsmittel sein, vielleicht noch interessanter als der gewöhnliche Zucker, weil er Stickstoff enthält. Aber seine Herstellung ist zu kostspielig. Vielleicht könnte es sich lohnen, ein billigeres Abbauverfahren zu entwickeln. Wenn ein leichter zugänglicheres Chitin-spaltendes Enzym als das im Schnecken-Magendarmtrakt enthaltene, gefunden würde ...".

Sollte hier so ganz nebenbei stehen, was die Kakerlaken Wissenschaftler seit Jahren suchen? Dann hätte ich gerne ein Tütchen Stickstoffzucker, bitte.

Sterne zum Absturz gebracht

Der frühere Chef des weltbekannten Pariser Restaurants 'Fouquet's', Maurice Masellatti, ist wegen Verstoßes gegen Hygienevorschriften zu einer Geldstrafe von 40.000 Franc verurteilt worden. In dem Feinschmeckerrestaurant am Champs Elysees waren bei einer Kontrolle ausgewachsene Schaben in der Küche entdeckt worden.

taz, 14.1.94

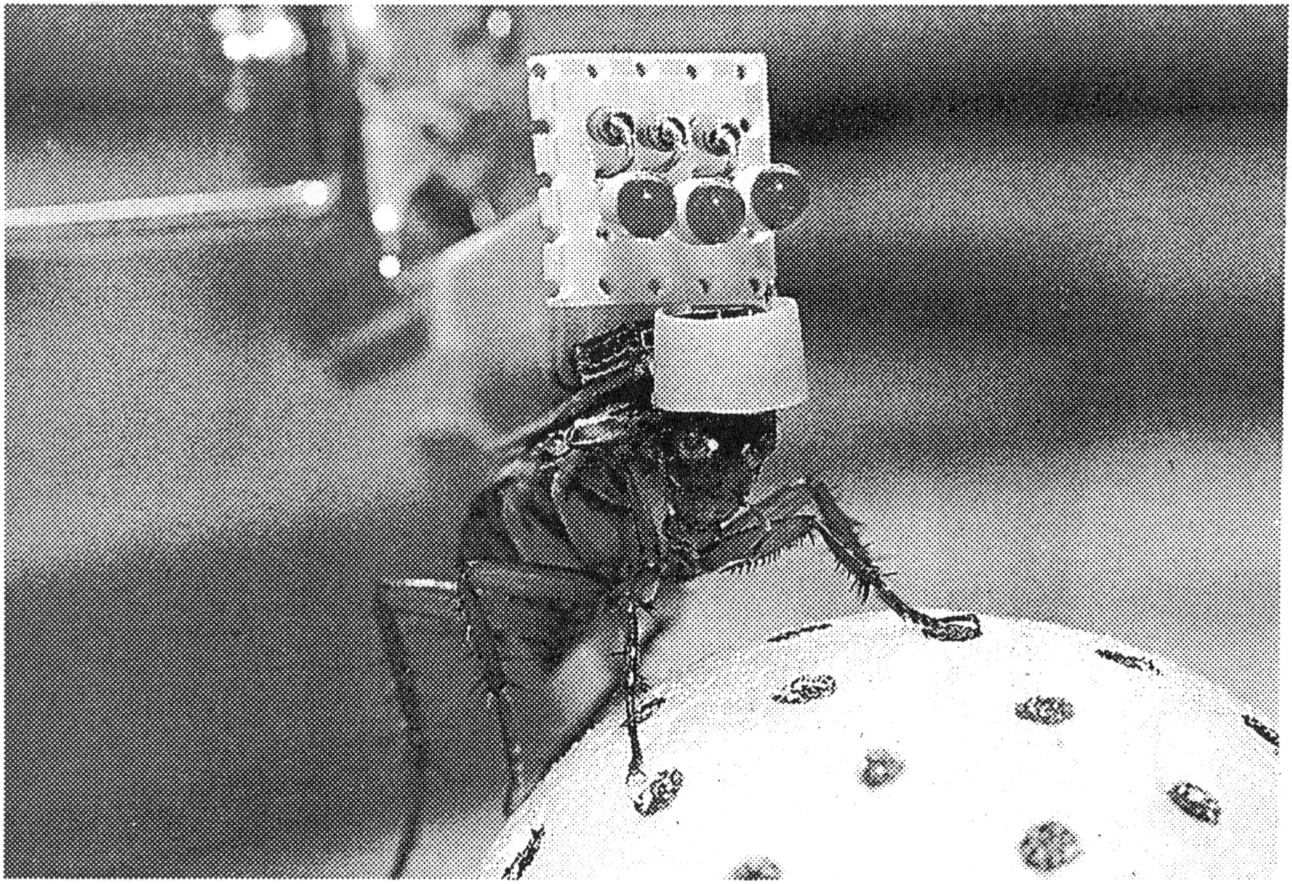

Mit schwerem Gepäck balanciert diese Schabe als "biologischer Roboter" in einem Tokioter Versuchslabor. Mittels der Elektroden erhält das Tier Impulse und soll sich – so das Versuchsziel – den Befehlen der Forscher entsprechend bewegen.

Ziemlich Kopflos

11

Blatellas als Objekt der ForscherBegierden

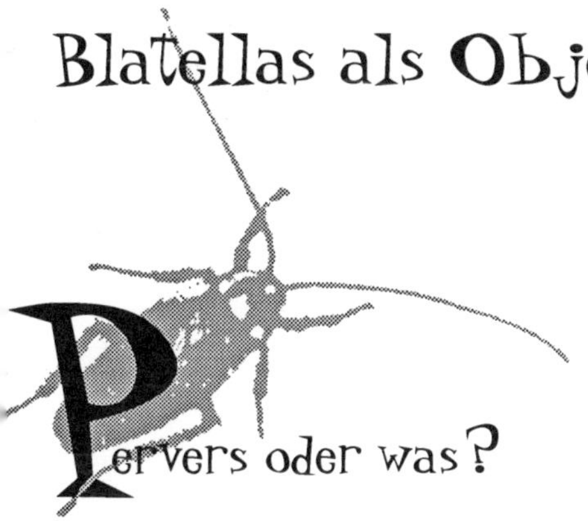

Pervers oder was?

Kakerlaken gehören, mit den Fruchtfliegen, zu den am meisten von der Wissenschaft erforschten Kreaturen. Sie werden gemartert, gevierteilt, geköpft, ge-elektroschockt, masturbiert, ins Vakuum gesetzt, unter Wasser getaucht, auf Diät gesetzt, unterkühlt & überhitzt - bis zum Geht-nicht-mehr. Ich könnte hier fünftausend und mehr wissenschaftliche Arbeiten zitieren, jedes in sich ein halbes Lebenswerk für einen oder gar mehrere Forscher. Ich begnüge mich mit einem Dutzend. Als Laie frage ich mich dabei ganz privat: sind die alle pervers?

OK. Der Fachmann behauptet, er verstünde durch diese Forschung mehr über die Insektenanatomie, Physiologie, Biochemie und ihr Verhalten. Big deal.

"Fragt man einen Wissenschaftler, wozu seine Forschung gut sei, ist ein Achselzucken die klassische (und richtige) Antwort. Bessere Kenntnis der Schabe kann uns zu einer friedlicheren Koexistenz mit ihnen führen oder auch nicht. Aber für den Schabenforscher ist es selbstverständlich, daß ein Tier mit einer solchen, durch Jahrmillionen bewährten Anpassungsfähigkeit an sich schon eine Lebensarbeit wert ist."[16]

Lebensarbeit hin - Lebensarbeit her. Fast die gesamte Forschung fand und findet im Labor statt, also nicht gerade unter 'natürlichen' Verhältnissen. "Wir wissen viel über ihre Anatomie und Physiologie, aber es ist schon erstaunlich, daß uns Details ihres alltäglichen Verhaltens und ihre historische Entwicklung nach wie vor so gut wie unbekannt sind. Wenn eine Kakerlake, in Alkohol getunkt, den Studenten erreicht, hat sie nicht mehr viel gemein mit der Kreatur, die sie einst war. Nichtmal der Geruch ist geblieben. Wie kann man sie da noch mit dem agilen, lebendigen Insekt gleichsetzen, das einst wild mit den Antennen fuchtelte, um Fressen, Unterkunft und Partner zu finden?"[30]

Biologen suchen immer nach leicht handzuhabenden Tieren. Die Kakerlake eignet sich da hervorragend. Hinzu kommt, daß sie in den USA nichtmal dem LaboratoriumsTierSchutzGesetz unterliegt, wie Hunde, Katzen und Mäuse. Die Schaben haben keine Lobby in Washington oder anderswo, sie sind Freiwild.

Beispiele der Quälmethoden

Wenn man sich mit der Kakerlakenforschung beschäftigt, fallen einem sehr eigenartige Berichte auf, wie dieser rassistische aus dem Buch '*Trillionenvolk*' (Lübbe Vlg.): "Verhaltensstudien deuten darauf hin, daß die Küchenschabe zu den intelligenteren Insekten gehört. Schon 1912 wurde das von C. H. Turner in St. Louis demonstriert, einem Mann, dessen scharfsinnige Untersuchungen ... ihm den Ruf des führenden Biologen unter den amerikanischen Negern seiner Zeit einbrachte. Er war Lehrer an einer Neger-Lehrerbildungsanstalt. Turner versuchte es mit 'Lehrmaschinen' bei Schaben, lange vor deren Einführung in den Unterricht der Menschen. Er setzte Schaben in einen Käfig, der in zwei Abteilungen, eine helle und eine dunkle, geteilt war. Ihrer bekannten Neigung entsprechend, eilten die Schaben sogleich in das dunkle Abteil. Wenn Turner jedoch in dem dunklen Abteil einen Draht anbrachte, der den Insekten beim Eintreten einen elektrischen Schlag versetzte, lernten sie schnell, sich direkt in das helle Abteil zu begeben. Die Männchen lernten nach Turner schneller als die Weibchen."[16]

Ich stelle mir gerne diese Kollegen Wissenschaftler vor, wie sie abends, erschöpft von des Tages Arbeit, nach Hause kommen und dort von ihren Kindern gefragt werden: "Papa, was machst du eigentlich den ganzen Tag?" Nun, liebe Kinder, hier ein paar Beispiele:

"Dr. Fuchs, Schädlingsexperte der Bundeswehr und einer der bekanntesten Spezialisten für Schaben, berichtet von Versuchen, bei denen Kakerlaken sogar 6 Stunden ein künstlich erzeugtes Vakuum überlebten."[14]

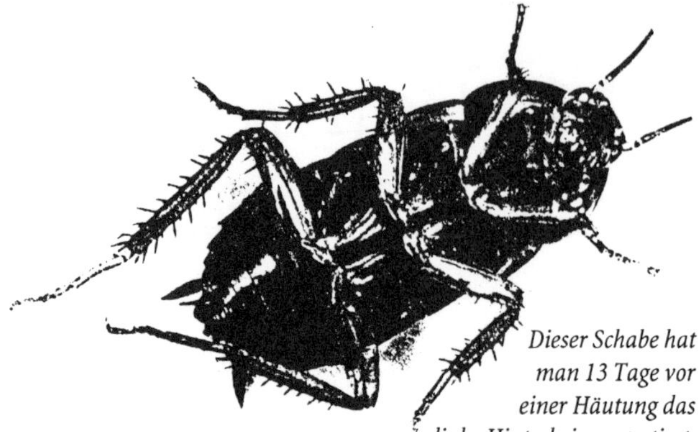

Dieser Schabe hat man 13 Tage vor einer Häutung das linke Hinterbein amputiert. Hier sieht man das mit der nächsten Häutung nachgewachsene Regenerat.

Forscher Metzger (sic!) setzte 1983 Schaben elektromagnetischen Feldern aus. Er fand heraus, daß die Kakerlaken sich eher dem negativen Pol als dem positiven näherten. Eine Großzahl der Schaben zeigte keinerlei Interesse an den Versuchen.[44]

"Der Zuchtkasten, in dem ich die Küchenschaben 5 Monate lang hielt, war durch ein verschließbares Loch am Boden mit einem angrenzenden Versuchskasten verbunden. Letzterer war mit Glasplatten belegt, die täglich gereinigt und frisch berußt wurden. Das Futter wurde nun in den Teil des Kastens gebracht, der dem Zuchtkasten abgewandt war. Auf der Glasplatte wurden nun täglich alle Spuren verfolgt. Nachdem die Tiere längere Zeit den Weg zu ihrer Futterstelle durch ein bestimmtes Loch genommen hatten, wurde dieses verstopft und ein anderes geöffnet. Daß trotzdem vor dem alten Loch viele Fußspuren angehäuft waren, beweist das Vorhandensein eines Ortsgedächtnisses."[36]

Aha!

Hirn- und Kopflos

In der Fachliteratur fand ich gut fünfzig Versuchsberichte über & mit geköpften Kakerlaken. Hier einige Beispiele:

"Die größeren gefangenen Tiere lieferten meine besten Schnittserien, weil sich die Köpfe ohne jegliche Präparation bequem abschneiden ließen. Die Methode früherer Autoren, das Gehirn aus dem Kopfe herauszupräparieren und dann erst zu schneiden, ist eine schlecht lohnende Mühe, weil dabei so manche Beziehung verloren geht. Um die äußere Form des Gehirns zu bekommen, konstruierte ich nach einer Sagittalschnittserie von 350 Schnitten à 7,5 u ein Modell...

Eine zweckmäßige Bewegung auf einer ebenen Fläche ist natürlich ohne Kopf nicht mehr möglich. Das Tier bewegt sich daher mit Vorliebe im Kreise und fällt häufig um. Der Sinn für das Gleichgewicht und die Regulierung der Gesamtbewegung ist daher im Gehirn zu suchen. In Ermangelung der Antennen führt das geköpfte Tier mit dem vordersten Beinpaar tastende Bewegungen aus. Es reagiert noch nach drei Tagen lebhaft auf Berührungen der Verci. Der abgeschnittene Kopf antwortet mehrere Minuten auf berühren der Antennen mit lebhaftem Zucken und Kieferbewegungen."[36]

Chen und andere fanden heraus, daß Kakerlaken in rund zehn Sitzungen à zehn Versuchen lernten, Elektroschocks auszuweichen. Auch wenn man ihre Köpfe absäbelte, war diese Fähigkeit, wenn auch nicht mehr zu 100%, feststellbar.[1]

Kollege Horridge aus Schottland erteilte dekapitierten Tieren (FachSpeak für 'geköpft') elektrische Schläge, wenn sie die Beine ausstreckten. Es dauerte nur dreißig Minuten und schon änderte das geköpfte Wesen sein Verhalten: Es zog seine Beine an und riskierte nur noch gelegentlich einen Schlag. Eine Schabe kann tagelang ohne Kopf leben; sie geht schließlich durch Verhungern zugrunde.[16]

Wir wissen natürlich inzwischen, woher diese Begabung, auch ohne Kopf zu funktionieren, stammt: Eine Kakerlake hat zwei autonome 'Gehirne', d.h. Nervensysteme. Ob solch eine Gottesgabe Forschern wie Mister Horrorridge helfen würde, andere Einsichten zu suchen?

Was zusammengehört, wächst zusammen

Das Regenerationsvermögen bei Kakerlaken, vor allem der Nymphen, ist erstaunlich. Schon Marshall (1844), Newport (1847) und vor allem Brindley (1897) beobachteten viele Schabenarten, nachdem sie sie verstümmelt hatten. Meist schnitten sie ihnen einfach ein Bein ab und warteten, ob es sich, spätestens bei der nächsten Häutung, wieder zurückbildete. Genau so war es. Bei jungen Kakerlaken geschah dies schneller als bei älteren, bei männlichen schneller als bei weiblichen. "Alle Amputationen wurden stets am metathorakalen Bein und kurz nach einer Häutung durchgeführt, damit den Tieren bis zur nächsten Häutung genügend Zeit zur Regeneration des Fehlenden blieb. Die Ablösung des Beines wurde grundsätzlich durch einen leichten Zug an dem betreffenden Bein erreicht. Alle anderen Amputationen wurden unter dem Binokular mit Hilfe einer Schere durchgeführt ... "[42]. Und was wurde nicht alles amputiert: die Fühler, die Oberlippe, die Cercie am Hinterteil, die Mundgliedmaßen... das liest sich oft, als hätte man eine Bande Lausbuben mit Skalpellen angestiftet, in der Schabenbevölkerung Amok zu laufen. Offensichtlich lauter Lausbuben mit Lateinkenntnissen.

Wir können zusammenfassen: "Das Regenerationsvermögen der Schabenlarven kann im Vergleich zu anderen Insekten als sehr gut bezeichnet werden. Die Extremitäten werden am besten von den Autonomiestellen aus regeneriert... In solchen Fällen kann der Verlust bis zur nächsten Häutung soweit ersetzt werden, daß das Regenerat dann bereits wieder 90% der Länge des entsprechenden, nicht regenerierten Beinabschnittes besitzt...."[42].

Weshalb Schaben so lebenstüchtig sind

"Küchenschaben widerstehen auch stärksten Insektengiften und überleben Röntgenbestrahlungen, die einen Menschen töten würden. Der Immunologe Richard Karp von der Universität in Cincinnatti glaubt, jetzt den Grund für die besondere Lebenstüchtigkeit der Schaben herausgefunden zu haben: "Sie verfügen über ein Immunsystem, das ebenso weit entwickelt ist, wie das von Säugetieren", berichtete die WamS. Warum überleben sie dann besser als wir, Richard? Ist ihr Immunsystem vielleicht gar besser? Hat man Kakerlaken vielleicht auch schon probehalber mit HIV infiziert?

Berta, oh, Berta

Dr. Berta Scharrer vom Einstein-Kolleg für Medizin (USA) durchschnitt bestimmte Nerven der Madeira Schabe, worauf sich in manchen von diesen Nerven versorgten Organen Krebsgeschwülste entwickelten. (Andere Forscher stellten Tumorbildung durch hormonale Gleichgewichtsstörungen bei Schaben fest, an denen Versuche mit Drüsenverpflanzungen vorgenommen worden waren). Eine Information wie tausend andere, eigentlich kaum erwähnenswert, wenn ich nicht in der *The Guardian* (5.1.96) unter dem Titel *Roach heaven* eine Lobpreisung der 'biomedizinischen Pionierin' Scharrer gefunden hätte.

1937 kam sie mit zwei Koffern und $8 in die USA. Ihr Englisch war stark limitiert, Geld für Forschungstiere hatte sie keines. Ein mitleidiger Kollege zeigte ihr die Kakerlaken im Keller. Kurz darauf fand sie einige andere in einem Affenkäfig, der aus Südamerika kam und schon hatte sie die Basis für ihr Lebenswerk ausgemacht. Sie wurde zur absoluten Weltexpertin für *Blattellas*. Ihr Spezialgebiet: Die Nervenzellen des Kakerlaken-Gehirns, die, so fand Berta heraus, verblüffende Ähnlichkeit mit den unseren aufweisen. Ihr verdankt die Fachwelt eine neue Disziplin: Neuroendocrinologie. Nun hat sie ihren Job, nach fast 60 Jahren, an den Nagel gehängt. Ihre Tierchen wurden auf ihren Wunsch hin aus dem Labor ins Natural Science Gebäude umgesiedelt und erleben dort einen forschungsfreien Lebensabend. "Der große Exodus. Ich hatte nostalgische Gefühle. Ich habe Abschied von ihnen genommen."

Roboter lernen von Kakerlaken

Die Überschrift ist (noch?) nicht ganz korrekt: Die Menschen, die Roboter bauen, lernen von Kakerlaken. Es wird noch eine ganze Weile dauern, bis Roboter direkt, ohne menschliche Hilfe, von Insekten lernen können.

Erstmal müssen Roboter laufen lernen, und da haben sie seit ihrer Erschaffung erhebliche Probleme gehabt. Sowohl der abgehackte Gang der zweibeinigen, wie auch der mehrbeinigen Wesen, befähigte bestenfalls zu einer Fortbewegung auf ebener Fläche. Aber Roboter werden vor allem in unwegsamem Gebiet, bei Katastropheneinsätzen, zu Forschungszwecken auf Vulkanen und dem Mond gebraucht. Wie aber lassen sich mehrere Beine koordinieren?

Biologen haben ein ähnliches Problem, wenn sie versuchen zu verstehen, wie Kakerlaken sich mit ihren sechs Beinen fortbewegen. Um diese Koordinationsprobleme zu lösen, wandten sich zwei Biologen der

M. Mahn

Holk Kruse baute diesen sechsbeinigen Roboter.

Universität in Berkeley, Mister Full und Mister Tu an die Mathematiker. Sie hatten beobachtet, daß die Kakerlaken manchmal mit sechs, manchmal mit vier oder drei oder gar nur zwei Beinen laufen, je nach benötigter Geschwindigkeit und der Beschaffenheit der Lauffläche. How do they do it? Selbst wir haben doch schon beim Bekraxeln unebener Flächen oft Schwierigkeiten, unsere zwei Beine zu koordinieren.

Wenn sich Schaben fortbewegen, reagiert jedes Bein auf die Stellung des jeweils anderen. Mathematisch ist das mit einem Oszillator vergleichbar. Es gibt kein zentrales Nervensystem, das alles unter Kontrolle hat und die Beinarbeit reguliert. Statt dessen wird das Gehverhalten der Insekten von einem Netzwerk neuronaler Verbindungen beeinflußt. Dieser Dezentralismus ist erstaunlich effektiv.

Wie bringt man ein solches Verhalten einem Roboter bei? Daran wird, zum Beispiel, von Holk Cruse an der Universität Bielefeld gearbeitet. Dort wurden schon 1990 in *'Trends in Neuroscience'* die Arbeiten mehrerer Forschungsprojekte vorgestellt. Danie! Koditschek und seine Kollegen in Michigan haben ihren Robotern inzwischen das Jonglieren mit zwei Bällen beigebracht, das in seinem Schwierigkeitsgrad in etwa dem Laufen entspricht.

Im August 1994 kroch ein 800 kg schweres Monster auf acht Beinen im Vulkankrater des Berges Spurr in Alaska herum, in einem Gebiet, das für den Menschen zu gefährlich ist. Ferngesteuerte Roboter auf Rädern hätten in diesem unwirtlichen Gebiet auch keine Chance auf Fortbewegung gehabt. Aber Dante, so der Name des Roboters, kraxelte über erkaltete Lavabrocken und versorgte seine Herrchen am Kraterrand mit wichtigen Informationen über die Zusammensetzung der Luft, sammelte Gesteinsproben ein und übermittelte Videoaufnahmen - bevor er ins Stolpern geriet und in den Krater abstürzte.

Verglichen mit den eleganten Bewegungen der Kakerlaken sehen diese Roboter allerdings noch sehr linkisch aus. Aber je mehr die Forscher von Kakerlaken lernen, um so größer ist die Chance, daß auch Roboter bald besser laufen lernen. *(New Scientist, 8.10. & 12.11.94)* Werden in einigen Jahren Miniroboter zur Kakerlakenjagd eingesetzt?

FrankenRoach?

Prof. Fred Delcomyn von der Uni Illinois baut kleine künstliche Rippen für Kakerlaken. Er hat ihnen sogar schon welche implantiert. Er möchte herausfinden, wie sich Kakerlaken fortbewegen. 'Unsinn!', schreit da ein Kolumnist der *Herald Tribune*. Es wäre doch angesagter herauszufinden, wie man Kakerlaken aufhalten könne, um ihnen einen mit dem Hammer über den Kopf zu geben. Der New Yorker Kolumnist ist ängstlich besorgt, daß der Professor künstliche, ein Meter lange Kakerlaken bauen will. Wo soll das nur enden? "Wir haben doch den Film gesehen! Im Anfang wird alles OK sein und dieser Roboter tut genau, was der Wissenschaftler von ihm verlangt. Aber dann, eines nachts, nachdem alle Menschen das Labor verlassen haben, kommt dieses Gewitter, der Roboter bekommt eine Extradosis Strom ab und er wird zum Leben erweckt! Frankenroach! Er wird ausbrechen und die ganze Community terrorisieren.

Natürlich wird uns die Army helfen, wahrscheinlich mit 20 m großen Insektizidspraydosen. Aber wollen wir es so weit kommen lassen?" (*Herald Tribune, 8.9.95*). Wohl zu häufig den RoboterFilm *Nr.5 lebt* geschaut.

Von Kakerlaken lernen - vom Kamm zum RoboRoach

Japaner haben drei Projekte in Angriff genommen, für die Kakerlaken als Grundstoff dienen. Demnächst gibt es wahrscheinlich Brillen, Kämme, Schmuck und diversen Schnickschnack aus Kakerlakenpanzer, so meldet die *taz* (25.2.92). Im Auftrag des japanischen Handelsministeriums suchen Wissenschaftler nach einem Ersatz für Schildkrötenpanzer, die nicht mehr gehandelt werden dürfen. Ohne ein Ersatzmaterial wären in Japan 1500 Arbeitsplätze von Handwerkern in Gefahr.

Der Autohersteller Honda hat bei Insektenforschern in St. Petersburg angefragt, ob sie dort 100.000 Exemplare der *Blattella germanica* beziehen könnten. Für die ersten 1000 Exemplare wurden schon $5200 geboten. Diese Schaben sind zwar in ganz Rußland heimisch, aber die aus St. Petersburg scheinen besonders flink und wendig zu sein. Honda will in Experimenten herausfinden, ob sie diese Fähigkeiten auch für ein neues 'intelligentes' Automodell nutzen können. Dann wird es neben dem Volkswagen Käfer auch Honda Cockroaches geben. *(NewScientist,* 24.10.92)

"Cyborgs werden jene Phantasiewesen genannt, die eine Kreuzung aus Mensch und Roboter sind. Ob sie jemals existieren werden, weiß niemand - aber eines gibt es in Japan immerhin schon: vercyberte Kakerlaken, Vorboten eines Albtraums. Biorobotiker der Universität Tokio um Isao Shimoyama betäuben Kakerlaken, reißen ihnen die Flügel ab und plazieren eine Schaltung auf den Insektenrücken, die den Beinen Impulse gibt und vom Menschen ferngesteuert wird. *Robo-Roach* funktioniert nicht sehr lange, und der Herstellungsprozeß ist mühselig. Doch das sind vermutlich nur Anfangsprobleme. Heerscharen von technisierten Kakerlaken lassen sich denken, ausgestattet mit Kameras und Mikrophonen, ferngesteuert von weltweit vernetzten Computern. Sie wären im Bauwesen oder in der Landwirtschaft einsetzbar, im Umweltschutz oder im Krieg." (*Die ZEIT Nr.4, 17.1.97)*

Man hat sich für Kakerlaken als erste Robo-Versuchstiere entschieden, weil Forscher sie ausgiebig untersucht haben und ziemlich gut zu kennen glauben. Sic sind geländegängig, genügsam & leben für ein Insekt relativ lang. Mehr zu *RoboRoach* im *New Scientist*, 22.3.97.

Man muß nur lang genug forschen...

Ein Insektenforscher saß an seinem Arbeitstisch und arbeitete an einer Kakerlakenfalle, als eines seiner Versuchstiere mitten auf den Tisch sprang. Er klopfte auf den Tisch, und das Tier sprang genau 6 cm weit. Er notierte dies geflissentlich, fing das Tier, riß ihm ein Bein aus, klopfte wieder auf die Tischplatte und es sprang 5 cm weit. So ging es weiter, Bein für Bein, cm für cm. Und der Fachmann beobachtete und notierte alles ganz genau. Schließlich lag ein beinloser Torso vor ihm. Er klopfte, nichts geschah. Nochmal. Nix. So schrieb er in sein Journal: "Ohne Beine sind diese Tiere offensichtlich taub."

BATTLE
BUGS
WE
WILL FIGHT
IN THE PIZZA.
WE WILL FIGHT
IN THE COOKIES.
WE WILL FIGHT
IN THE COLESLAW.
WE WILL NEVER
GIVE UP.
WINSTON ANTHILL

12

The Kill

Bekämpfungs- & Tötungsgemeinheiten des Menschen

Wie brutal der Mensch auch sein mag, die Schaben singen We shall overcome...

Vor gut 100 Jahren, als die Population sowohl der Orientalischen wie auch der Deutschen Kakerlake wohl ihren Höhepunkt in menschlichen Behausungen erreicht hatte, wurden sie vom Menschen weitgehend akzeptiert. Nicht gerade freiwillig, aber doch. Und sei es als Wesen Gottes. Amen. Man fand sie überall: Daheim, am Arbeitsplatz, in Kneipen und Gefängnissen und natürlich auf Schiffen. Die chemische Keule gegen sie wurde erst ab etwa 1940 geschwungen, bis dahin mußte sich der Mensch mit ihnen weitgehend arrangieren. Wir erinnern uns: Im Jahr 1939 wurde DDT erfunden. Offensichtlich haben wir es bei den Schaben mit Insekten zu tun, die wie geschaffen dafür scheinen, selbst ausgeklügelten Vernichtungsfeldzügen zu trotzen. Untersuchungen haben ergeben, daß die Deutsche Kakerlake in den USA der Feind Nummer 1 aller Kammerjägerfirmen ist. Die Amerikanische Schabe folgt auf Platz 6, die Orientalische Schabe auf Rang 8. In England, wo es etwas kühler ist, führt die Ratte vor der Maus, die Orientalische Schabe belegt Platz 6, *Blattella germanica* folgt auf Rang 8.

– Sie sind die ultimativen Surviver, gegen die kein Kraut gewachsen zu sein scheint, zumindest nicht auf Dauer. Sie besitzen eine Vielfalt von Fähigkeiten, die sie für den Menschen schwer greifbar und kaum kontrollierbar machen: sie wollen sich ums Verrecken nicht ausrotten lassen.

– Sie können sich im wahrsten Sinne des Wortes verdünnisieren und in jeder schmalen Ritze verschwinden.

– Sie sind so sensibel, daß sie rechtzeitig verschwinden, bevor ein Feind auftaucht.

– Da sie wirkliche Allesfresser sind und auch längere Zeit ohne Nahrung überleben, kann man sie kaum aushungern.

– Nach ein paar Generationen scheinen sie auch immer neuen chemischen Giften gegenüber resistent zu werden.

Mit Gottvertrauen in den Kampf

In alten Lexika findet man erstaunliche Kampfesmethoden gegen die Schaben, von denen wir heute kaum

Lieblingstreffpunkte der Küchenschabe

Küche

- *Um das Waschbecken*
- *Unter & hinter dem Kühlschrank*
- *Unterm Ofen*
- *Auf der Zurichte*
- *In Schubladen*
- *Beim Abfall*
- *In schwer erreichbaren Ecken*

Bad

- *Hinter der Toilette*
- *Ums Waschbecken*
- *Um die Dusche*
- *In schwer erreichbaren Ecken*

Ansonsten

- *Unter Möbeln*
- *In der Nähe von Tierfütterplätzen*
- *Hinter Verschalungen*

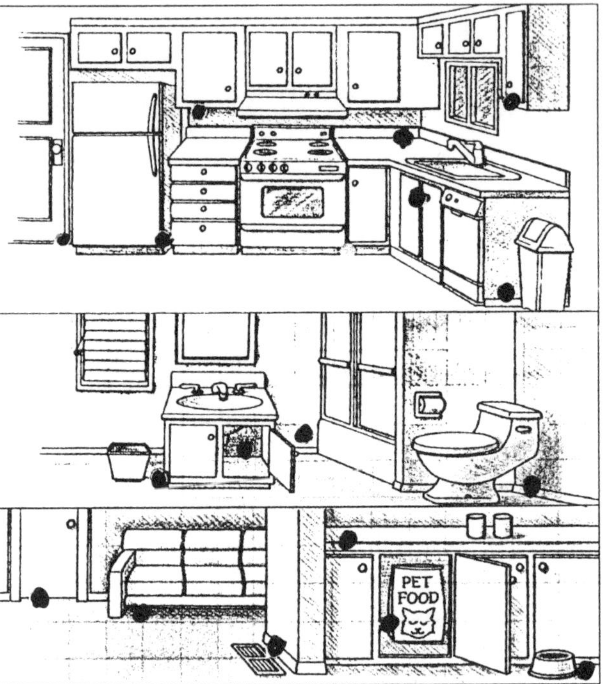

nachvollziehen können, ob es sich dabei um Volksweisheiten oder Aberglauben handelt(e).

– In Schwaben (und Pennsylvanien) kehrt man an Karfreitag die Stuben in der entgegengesetzten Richtung als man sonst gewohnt ist, z.B. rückwärts statt vorwärts.

– In Österreich geht man im Frühjahr vor der ersten Maht mit der Sense in die Gut' Stub' und wetzt dort die Sense unter Hersagen einer Beschwörungsformel.

– In Schlesien packt man eine Küchenschabe in einen Korb, und bringt sie in ein anderes Haus, in das die übrigen folgen. Oder man gibt einem Toten in einer Schachtel einige Schaben mit.

– Schon 1865 beschreibt Frank Cowan, daß man der Schabe einen Spiegel vorhalten solle. Der Schreck sei so groß, daß sie sofort das Haus verließe.

– Oder man schreibe ihr einen Brief: "Oh Schaben, ihr habt mich lang genug belästigt, geht nun und belästigt den Nachbarn." Es sei förderlich, gut lesbar zu schreiben und die Satzzeichen richtig zu setzen ...

– Im 17. Jahrhundert wurden auf dänischen Schiffen jedem, der eintausend Schaben fing, eine Flasche Rum ausgegeben.

– Noch vor dem 2. Weltkrieg bekam jeder Matrose eines japanischen Kriegsschiffes einen Tag Landurlaub, wenn er 300 Schaben fing.

Alles muß seine Ordnung haben

Bei uns müssen nicht nur alle Menschen einen festen und registrierten Wohnsitz haben. **Auch Schaben unterliegen den gesetzlichen Bestimmungen der Meldepflicht** - ihrer 'Besitzer': Als ihr Einwohnermeldeamt dient das Gesundheitsamt. Jede Meldung kommt einem Tötungsauftrag gleich, denn das Gesundheits!-Amt kennt bei dieserlei Meldungen nur eine, gesetzlich vorgeschriebene, Forderung: Töten! Tötet sie alle!

Bei Schabenbefall in der Nachbarschaft von Restaurants und Lebensmittelbetrieben können Ordnungs-, Veterinär- oder Gesundheitsamt eingeschaltet werden.

Exterminatoren-Charts

Für jede Insektenpopulation gibt es innerhalb ihres Lebensraumes eine maximale Wachstumsrate, die nicht überschritten, aber auch nicht unterschritten werden darf, um das Überleben zu gefährden. Die Deutsche Kakerlake entwickelt sich sehr schnell. Um sie auszurotten muß man mindestens 95% der Population gezielt vernichten. Und das über einen längeren Zeitraum. Konkret: Vernichtet man bei einer Population von 500 Kakerlaken 90% derselben, werden einen Monat danach wieder 170 herumlaufen. Bei einer Vernichtungsrate von 80% werden es 341 sein, bei 70% wieder 513, also mehr als vorher. Wenn man sie vertreiben will, kommt es also nicht darauf an, wieviele man killt, sondern wieviele prozentual überleben.

In den USA werden 37% aller Mehrfamilienhäuser, bzw. rund 25% aller Haushalte regelmäßig von Kammerjägern, dort auch *Exterminatoren* genannt, auf der Jagd nach Kakerlaken heimgesucht, ein Drittel davon wöchentlich bis monatlich. Diese Firmen haben einen Jahresumsatz von $3,5 Milliarden, wobei die vielen, in allen Supermärkten angebotenen Killermittel zum Privatgebrauch nicht mal mitgezählt wurden. Man schätzt, daß es in den USA über 14000 Firmen mit 66600 Kammerjägern gibt, die u.a. fast 500000 Restaurants und Großküchen bejagen.[44] Allein im Telefonbuch der Olympiastadt Atlanta fand ich über 200 Kammerjäger-Firmen aufgelistet. Wir erinnern uns, dort ist auch der Hauptsitz von Coca Cola.

Tierische Schabenbekämpfung

Igel scheinen Kakerlaken zu mögen. Das geht zumindest aus einem Bericht aus dem vergangenen Jahrhundert hervor, laut dem ein Igel innerhalb weniger Wochen eine von Schaben befallene Wohnung in London von selbigen befreite.

Andere Quellen berichten von der konsequenten Kakerlakenjagd von Katzen. Aber aufgepaßt: Kater sind meist zu faul zur Jagd.

Die besten Schabenjäger sind die Geckos, aber das hilft nur jenen Menschen weiter, die in südlichen Gefilden leben - und keine Katzen im Haushalt haben. Bert Marco Schuldes berichtet aus seiner zweiten Heimat, den Philippinen: "Nachts schlafen wir unter dem Moskitonetz. Auf dem Netz krabbelt dann alles mögliche herum: Fliegen, Moskitos und auch die eine oder andere Schabe. Die Geckos und Spinnen turnen außen auf dem Netz und picken sich die leckersten Insekten ab. Die beeindruckendste Szene bot mir einmal ein Gecko, der eine Schabe erwischt hatte, die fast halb so lang wie er selber war. Erst schlug er das Schabentier immer

wieder gegen die Bambuswände unserer Behausung, daß es nur so knackste. Nach etwa fünf Minuten begann er dann, die Schabe zu verschlingen. Im Stillen plazierte ich eine Wette gegen mich, daß der Gecko an diesem Bissen ersticken würde.

Lange, lange sah es wirklich danach aus. Der Schab, der dicker war als der Hals des Reptils, schien darin hoffnungslos festzustecken. Aber nach etwa 45 Minuten war das Unglaubliche geschafft: Nur noch ein Stückchen Schabenbein war zu sehen, und auch dieses war dann bald verschwunden...".

Biologische, mechanische und physikalische Kampfwaffen

Hobby-Kakerlaken-Jäger sollten die chemische Bekämpfung den Spezialisten überlassen. So lange der Kakerlakenbefall nur hinderlich, aber noch nicht zur Plage geworden ist, mag man es mit folgenden Tricks versuchen:

- Alles sauber halten, keine EssensVorräte offen herumstehen lassen.
- Alle Fugen mit Lehm oder Gips abdichten.
- Feingepulverte Angelikawurzel mit Eukalyptusöl mischen und abends ausstreuen.
- Gurkenscheiben an befallenen Stellen auslegen.
- Innen glattwandige Konservendosen mit etwas Sirup oder Bananenschalen füllen und so aufstellen, daß die Schaben über eine 'Brücke' in die Dose hinein, aber nicht mehr hinaus können.
- Temperatur: Im Winter drei Tage nicht heizen, oder alles für mehrere Stunden auf mind. 50°C erhitzen.
- Kommerzielle Schabenfallen *(Cockroach Hotels)* aufstellen. Diese sollten mit Lockstoffen und Klebstreifen, aber ohne Insektizide arbeiten. Wichtig ist hierbei das strategisch richtige Aufstellen der Fallen.
- In New York gibt es eine neue, 'natürliche' Methode mit Mikrowürmern. Die Behältnisse mit diesen 'Nematoden-Würmern' ziehen mit ihrem Duft die Schaben an. Einmal ins Gefäß gefallen, machen sich die Würmer über die Schaben her, setzen sich in ihnen fest und infizieren sie mit einer tödlichen Bakterie. Danach brüten die Nematoden und vermehren sich für die nächsten Schabenbesucher.
- Grundsätzlich mehrere Methoden gleichzeitig einsetzen.

Bezugsquellen

- Schaben-Klebefallen mit Lockstoff
  durch Neudroff GmbH,
  Postfach 1209,
  31860 Emmerthal
- Snoek GmbH,
  Tannenweg 153,
  27356 Rotenburg/Mulmshorn,
  Telefon 04268/1313
- Notox,
  Westliche Ringstr. 14,
  74889 Sinsheim,
  Telefon 07621/1006

Die chemischen Keulen

'Sudden death is a German speciality', lese ich in einer englischen Zeitung (*The Guradian*, 5.12.96). Dabei handelt es sich nicht um einen Rückblick auf die Fußball EM, sondern zitiert wird die peinliche Anzeige eines deutschen Chemieriesen für Ungezieferbekämpfungsmittel in Guatemala. In der Tat war die Chemie im vergangenen halben Jahrhundert nicht zimperlich mit der Erfindung immer neuer, für den Menschen 'unschädlicher' Mittel gegen 'Ungeziefer'. Erst Blausäure, dann DDT, Lindan, Pentachlorphenol, und als bisher letzte chemische 'Lösung' Pyrethroide. Ganz in der Tradition der Suchtspirale beim Menschen: Beenden wir die Kokainsucht durch Morphium, beenden wir die Morphiumsucht durch Heroin, folgte ein Mittel dem anderen, sobald das alte als SuchtGift geoutet war.

DDT wurde (wie auch LSD) im Jahr 1939 in der Schweiz entwickelt. Ein Dr. Müller bekam 1948 sogar den Nobel-Preis hierfür. Die amerikanische Army stäubte schon sehr früh potentielle Kampfgebiete großflächig mit dem Giftstoff ab, der 'Erfolg' gab ihnen Recht: starben im 1. Weltkrieg noch 16,5 von 1000 GIs an von Insekten übertragenen Krankheiten, waren es im 2. Weltkrieg nur noch 0,6. Diese Giftperversion erreichte dann in Vietnam und möglicherweise auch im Kuweit Konflikt vorläufige Höhepunkte. Nach unvorstellbaren Verlusten auf Seiten der politisch unbeteiligten Schaben, wurde das Gift inzwischen verboten. Weil es halt wirklich giftig ist. Für Menschen, viele Kakerlaken sind inzwischen dagegen resistent.

Fachleute für Entwesungswesen

Jede chemische Insektenbekämpfung sollte man einem vertrauenswürdigen Fachmann überlassen. Nun darf sich jedermann für ein paar Mark einen Gewerbeschein als 'Schädlingsbekämpfer' ausstellen lassen. Daher ist Vorsicht geboten. Check den Kammerjäger durch, bevor er deine Wohnung durchcheckt.

Falls chemische Mittel eingesetzt werden, greift das Lebensmittel- und Bedarfsgegenständegesetz vom 15.8.74, das besagt, 'daß zu behandelnde Lebensmittelräume von Lebensmitteln und Bedarfsgegenständen vor der Entwesung zu räumen sind. Weiterhin ist zu bedenken, daß nach dem Gesetz bereits Verpackungen von Lebensmitteln als Lebensmittel gelten....'.

Borax - Nein Danke

Immer wieder stößt man bei Durchsicht von Kakerlakenbekämpfungsmaßnahmen auf ein Borax/Mehl/-Zucker-Gemisch, als handele es sich um das Allheilmittel. Mir liegen 'Erfolgsberichte' aus Indien, den USA, England und Deutschland vor. Mitunter wird dort genüßlich beschrieben, wie die Schabe dieses Zeugs frißt und daraufhin ihre Magenwände aufplatzen. Da manche Schaben ihre toten Genossen verspeisen, geschieht mit ihnen das selbe. Aber Vorsicht ist geboten. Borax ist nicht nur für Kakerlaken und Kinder giftig, vor dem Gebrauch wird von allen offiziellen Stellen gewarnt. Der vorletzte Schrei war ein 'natürlicher' Wirkstoff aus Chrysanthemen, der auf Grund der großen Nachfrage dann aber vor allem synthetisch hergestellt wurde. In den 80er Jahren galten die Pyrethroide als die Alternative zu den damaligen Insektiziden.

How Combat® Roach Baits Work

The Domino Effect™

1. Roaches Eat the Bait
Looking for food and water, roaches enter the bait station, eat the bait inside, and return to their nests.

2. Roaches Share It
Back in their nests, the dying roaches share the bait and leave contaminated droppings, which other roaches eat.

3. Many Roaches Die
These roaches also die, creating The Domino Effect. Combat keeps killing roaches and their eggs for 3 months!

Breaks the Roach Lifecycle

KILLS ADULT ROACHES AND THE EGGS THEY CARRY

Combat's *Egg-Stop Formula kills adult roaches and the eggs they carry, thus eliminating generations of roaches.*

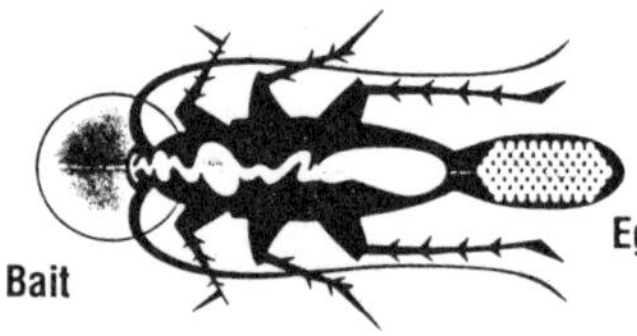

Roaches Are Not "Immune" to this Insecticide

COMBAT® HAS HYDRAMETHYLNON

Research shows that no roach is "immune" to Hydramethylnon, the patented active ingredient inside **Combat**. **Combat** *products are the only retail roach products that contain the insecticide Hydramethylnon. Roaches have no defense against its patented insecticide ingredient.*

Two Special Formulas to Provide Effective Roach Control

1. COMBAT ROACH KILLING SYSTEM

   In addition to the patented active ingredient, **Combat** *is formulated so roaches find it attractive and will eat it.*

2. COMBAT SUPERBAIT

   Combat SuperBait *is the most effective bait for killing roaches. It contains additional ingredients that roaches find irresistible. Tests show that roaches prefer* **Combat SuperBait** *7 TIMES MORE than other household foods and other bait products.*

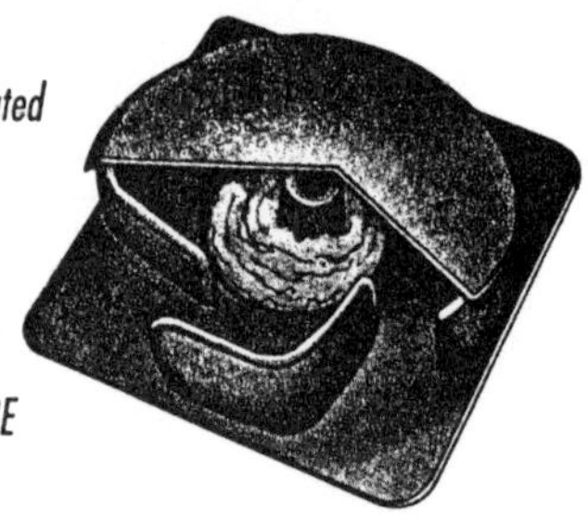

Entsprechend massenhaft wurden sie eingesetzt. In vielen Teppichböden sind sie quasi eingewoben (eulanisiert). Auch Entlausungsmittel wie *Goldgeist forte* und *Jacutin Spray* enthalten sie. Inzwischen weiß man, daß auch dieser Stoff nicht nur dem Ungeziefer, sondern auch Haustieren und dem Menschen schadet. Es gibt gar eine Interessengemeinschaft Pyrethroid-Geschädigter (Unterstaat 14, 51766 Engelskirchen, Fax/Fon 02263/ 3786). Dieser Stoff steht in dringendem Verdacht, Leukämie und Lymphdrüsenkrebs auszulösen. (*taz* vom 2.2.95)

Aufgegeilt ins Verhängnis

Chemiker machen aus der Liebe, naja, aus dem Sex, ein seltsames Spiel. Nach langem Forschen ist es mehreren von ihnen gelungen, Kakerlaken-Pheromone zu isolieren und zu synthetisieren. Mit diesen Geilheits-Duftstoffen will man den Schaben nun auf die Schliche kommen und sie vernichten. Konkret: Durch die Duftstoffe angezogen, werden sie wahlweise mit einem Gift infiziert, das sie an alle Sexpartner weiterkopulieren: *sudden death* beim vögeln; oder es wird eine Art Anti-Baby-Pille mit eingebaut, so daß sie erst eine Generation später aussterben. Diese 'Pille' besteht aus dem Stoff Xanthin, einer Chemikalie, die in Kaffee und Kartoffeln vorkommt, und Oxypurinol. Diese Mischung sorgt dafür, daß die Kakerlake keinen Stickstoff speichern und somit keine Eierpakete fabrizieren kann.

Eine andere Methode, entwickelt von Greg Jeffreys, dem 'Erfinder des Jahres 1991' in Australien, soll die Schaben durch Pheromone auf eine Metallscheibe locken, auf der sie dann mittels Elektroschock vernichtet werden. Der finale Elektroschock für Kakerlaken ist beileibe nicht neu. Schon Thomas A. Edison ließ ein entsprechendes Gerät patentieren...

Eco Biotic Roach Trap

Herzlichen Dank an die Firma Environmental Protection Industries, die mir netterweise das KillerWerbe-Video ihrer neuen, auf Duftstoffen basierenden Kakerlakenfalle zukommen ließ. Hey, Profikiller am Werk. Eine Plastikbox, eine Geruchspille, ein Laufgrat, auf dem die Schaben ausrutschen und hinunter auf Klebestreifen fallen und da zappelnd und elendig verrecken. Absolut 'bio', das angewandte Prinzip der fleischfressenden Pflanze. "100% umweltverträglich". Mehrfach daher auch der Hinweis, daß man auf jeden Fall Handschuhe, Augenschutz und Atemmaske aufziehen soll, wenn man mit der Falle hantiert ... So grausam ist die 'Natur' ... !

Der Widerstandsfähigkeit der Kakerlake scheinen keine Grenzen gesetzt

Was versteht man genau unter Insektizid-Widerstandsfähigkeit? Sie besteht, wenn eine Kakerlakenpopulation plötzlich nicht mehr auf ein Gift anspricht, das sie vormals gekillt oder zumindest kontrolliert hätte. Wir erinnern uns, erst Anfang der 40er Jahre dieses Jahrhunderts wurden chemische Kampfstoffe gegen Kakerlaken eingeführt. Aber schon 1947 beobachteten Forscher in Austin/Texas erste Widerstandsreaktionen. Ein Haus mit einer Gesamtpopulation von 50.000 - 100.000 Schaben wurde mit Insektiziden besprüht, aber nach einigen Monaten hausten dort wieder mindestens 15.000.[16]

Straßenkinder in Entwicklungsländern verdienen ihren Lebensunterhalt mit BAYER!

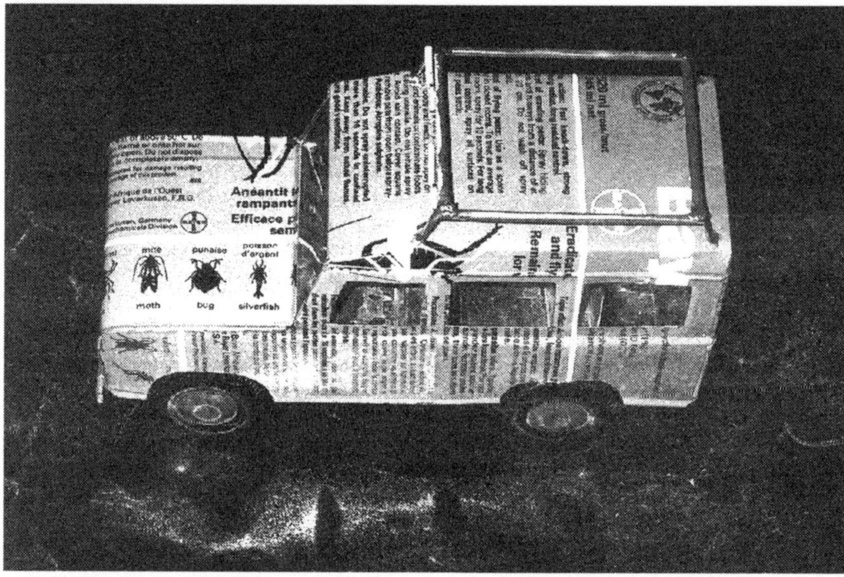

Foto: Luwie

Der Segen von BAYER verschont auch Madagaskar nicht. Dort finden die leeren Spraydosen hochgiftiger Insektenvertilgungsmittel ein perfektes Recycling: Straßenkinder bauen daraus Blechspielzeug, wie dieses Auto. Ein Teil des gebastelten Spielzeugs wird verkauft, über Dritte-Welt-Läden auch nach Deutschland. Der Erlös kommt dem Projekt "Zaza faly" (zufriedene Kinder) zugute, das die Berliner Uwe Marschall und Ralf Kramarczyk im Herbst 1992 in Antsirabe (Madagaskar) ins Leben riefen.
Die Projektgründer haben sich zum Ziel gesetzt, Straßenkindern in Madagaskar eine medizinische Basisversorgung, Nahrung, Kleidung und Waschmöglichkeiten zu bieten; in einer zweiten Phase sollen einige der Kinder resozialisiert und in familienähnliche Verhältnisse eingegliedert werden. Und dabei hilft BAYER kräftig mit!
"Viel schlimmer noch, als daß die Kinder die Behältnisse hochgiftiger Chemikalien zum Spielen und Bauen verwenden, ist, daß sie sich von diesen Müllhalden, wo sie die Dosen finden, oft auch noch ernähren", meint Uwe Marschall.

– 1951 überlebten Schaben in Texas Chlordan. Im Labor überlebten sie die 4-14-fache DDT Dosis, die sie Jahre vorher noch verrecken ließ.
– 1952 sind auch die Kakerlaken von Corpus Christi, Texas, Chlordan-immun.
– 1953 halten jene Deutschen Kakerlaken aus Corpus Christi schon die 100-fache Menge Chlordan, die 10-fache Dosis Lindan und die 5-6-fache Dosis DDT aus.
– Mitte der fünfziger Jahre wird Chlordan in den USA als Mittel gegen Kakerlaken wegen Folgenlosigkeit abgesetzt.
– 1956 wird erste Resistenz gegen Pyrethrin gemeldet.
– 1959 *Blattella germanica* in Trinidad zeigen wenig Neigung, wg. DDT oder Dieldrin zu sterben.
– 1962 überleben Kakerlaken in Dänemark die 2000-fache Dieldrindosis unbeschadet.
– 1963 wachsende Resistenz gegenüber Diazinon und Malathion.
– 1969 überleben Kakerlaken in Hawai die 12500-fache Dieldrindosis.[31]

All diese Informationen beweisen, daß die Deutsche Kakerlake die große Gabe beweist, sich gegen immer neue Gifte resistent zu erweisen. Diese Fähigkeit hat in den vergangenen Jahren eher zu- als abgenommen.

"Aber der große Durchbruch steht noch aus. Die gelehrige Schabe hat eine grandiose Begabung, dem Gift aus dem Weg zu gehen. Nach sechs Generationen, einem halben Jahr also, sind die Nachkommen meist gegen ein neues Gift resistent. Die Giftspritze hilft nur, wenn ermittelt wurde, gegen welche Stoffe die Schaben bereits immun geworden sind. Und sind es nur wenige Tiere, so Forscher Haschemi, 'ist es wohl besser, sich damit abzufinden'.

Oder mit der Schabe leben: Vielleicht bleibt langfristig nichts anderes übrig. Vielleicht muß der Mensch sie als Nutztier betrachten lernen. ... Kein Schabernack." *(Der Spiegel)*

Inzwischen weiß man, daß nicht die Schaben eine Gefahr für den Menschen darstellen, sondern die Pestizide. Laut neuesten Angaben der WeltGesundheits-Organisation (WHO) sterben auf der Erde jährlich 220.000 Menschen an Pestizidvergiftungen und weitere 3 Millionen werden durch sie schwer vergiftet. (*New Scientist* 23.11.96)

Widerstand der Deutschen Kakerlaken in der DDR gegen staatliche Vernichtung!

Die *Zeitschrift für angewandte Parasitologie* (VEB Gustav Fischer Vlg. Jena) brachte in ihrer Ausgabe 31, 1990, einen mehrseitigen Bericht über den aussichtslosen Kampf der DDR gegen seine Deutschen Kakerlaken vom 15.11.1988. Einundfünzig Wochen später hatte sie auch den Kampf gegen ihre Bürger verloren. Wieder einmal war die Kakerlake schneller als das Volk. Hier eine Zusammenfassung jenes umfangreichen Berichtes:

"Es wird ein Überblick über den Stand der Insektizidrestistenz bei der Deutschen Schabe *(Blattella germanica)* in der DDR für die letzten 15 Jahre gegeben und Schlußfolgerungen für die Zukunft gezogen. Für 33 Stämme, die von verschiedenen Herkünften gefangen und unter Laborbedingungen angezogen wurden, wurde die Empfindlichkeit gegen die Insektizide Lindan, Psyrethrum + PBP, Trichlorfon, Dichlorvos und Propoxur bestimmt, welche die am häufigsten gegen Schaben eingesetzten Wirkstoffe in unserem Lande sind. Wir führten den Resistenznachweis mit diskriminierenden Dosierungen, und die Resistenzmessung nach der Dosierungsbestimmung auf Rückstandsbelägen durch."[6]

Das Ergebnis, in der Zeitschrift auch auf Russisch ausgedruckt, war so niederschmetternd, daß man die Mauer öffnen mußte. 'Soll doch der Kapitalismus mit diesen widerspenstigen Viechern fertig werden', sagte sich Honecker, und setzte sich ab.

Sie scheißen im Gehen

Hast du dir je überlegt, daß es ihr Haus genausogut wie deines ist? Sie waren vor uns hier. Sie lebten schon an diesem Platz, bevor du dein Haus hier hingepflanzt hast. Menschen hassen Schaben, weil sie ängstliche Wesen sind. Beide. Sie scheißen im Gehen, wie unsere Vorfahren auch. (Unseren Kindern muß der Ekel vor Scheisse ja auch erst anerzogen werden). *Rattus norwegicus* leben auf dem Land und in der Stadt. Ihre Adreanal-Drüsen sind in der Stadt allerdings um ein vierfaches größer als auf dem Land... *(Tuli Kupferberg, The Fugs)*

Kammerjäger Kohl

Kammerjäger Kohl ist zuständig für den Flughafen in Frankfurt. Um eine Massenvermehrung der Kakerlaken zu unterbinden, 'behandelt' er zweimal jährlich alle Toiletten, Duschen, Wasch- und Aufenthaltsräume, alle drei Monate die Kantinen und alle sieben Wochen die Restaurants. Bei starkem Befall werden auch Wände eingerissen. 'So wenig Chemie wie möglich' setze er dabei ein. Genausogut könnte er auch sagen, 'so viel Chemie wie nötig', zumal er droht: 'Der Kampf geht weiter!'.

Der gruselige Tod

"Die Theorie der Borsäure (Borax) geht davon aus, daß ein Mensch den feinen weißen Puder dort verstreut, wo wir, die Opfer, uns herumzutreiben pflegen. Zu primitiv, um es überhaupt zu merken, laufen wir hindurch und stürzen uns, wenn nötig, sogar durch schulterhohe

Giftdünen. Ohne Rücksicht auf den beißenden Geschmack der Chemikalie und ihre Wirkung auf uns, beginnen wir uns anschließend zu putzen - ein primitiver Instinkt primitiver Tiere - und uns den Puder, der überall an unserem Körper klebt, ins Maul zu stopfen. Auf diese Weise bringt er uns um... Wir suchten uns einen Weg zwischen der ausgestreuten Borsäure in der Speisekammer. Es funktionierte. Halb im weißen Pulver begraben lagen Leichen von drei Blattella. Es war ein grausiger Anblick. Wo einst hunderte von Augen geglitzert hatten, starrten uns jetzt leere weiße Höhlen an. Mächtige Flügel und Brustkörbe waren zu einem durchscheinenden Braun geschrumpft; Gliedmaßen hatten sich in einen grünen Schimmel verwandelt. Am gruseligsten war ihre Haltung, verkrampft wie Goldsucher, die von einer Lawine verschüttet worden waren. Sie waren einen sinnlosen Tod gestorben ...". [4]

Boom !

Besonders gründlich wollte ein Mann in Westminister/Orange County gegen seine Kakerlaken vorgehen. Er verteilte 25 Pestizid-'Bomben' in seinem Appartment, obwohl schon ein oder zwei Packungen ausgereicht hätten. Gerade als er seine Wohnung verlassen wollte, ging alles in die Luft. Wahrscheinlich hatte ein brennendes Räucherstäbchen die Insektizide zur Explosion gebracht. Der folgende Wohnungsbrand wurde von sechzehn Feuerwehrleuten gelöscht, der Schaden hielt sich in fünfstelligen Grenzen. Die ganze Aktion war allerdings erfolglos, wie Feuerwehrchef Campell erklärte. Als die Feuerwehr ihre Arbeit getan hatte, sah er immer noch einige Kakerlaken im Appartment herumlaufen. *(Associated Press, 24. 4. 95)*

Mit Kakerlaken gegen Kommunisten?

Im Vietnamkrieg hat die US Army versucht, mit Hilfe von Kakerlaken Pheromone die kommunistische Guerrilla zu enttarnen. Plätze, von denen man vermutete, daß es sich um Vietcong Treffpunkte handele, besprühte man mit synthetischen Pheromonen. Anschließend wurden die Bewohner der umliegenden Ortschaften von der südvietnamesischen Polizei zusammengetrieben und an Kakerlakenkäfigen vorbeigeführt. Die Schaben hätten dann auf jene Menschen reagiert, die den gewissen Duft an sich trugen.[48]

Wachsende Paranoia

Früher waren die Exterminatoren, die Kammerjäger, in allen US-Haushalten gern gesehene Gäste, da sie selbige von Plagegeistern befreiten. Das ist heute nicht mehr überall so. Zunehmend werden viele Bewohner unkooperativer. Der Grund: Immer öfter finden Kammerjäger auf der Suche nach Kakerlaken illegale Drogen, Waffen oder decken andere Geheimnisse der Anwohner auf. Entsprechend gewachsen ist der Widerstand etlicher Wohnungsinhaber bzw. Mieter gegen eine Untersuchung ihrer vier Wände. *(Koehler/Patterson: Insect Potpurri, 1992)*

La Cucaracha

13

Von La Cucaracha bis Joe's Appartment

Unsterblich: Kakerlaken in der Kunst

La Cucaracha & andere Lieder

Das bekannteste aller Kakerlaken-Lieder, zudem wohl auch das bekannteste Lied aus Mexiko überhaupt, ist ohne Zweifel *La Cucaracha*. Nur wenige kennen jedoch den wahren Inhalt. Kein Wunder, hat man doch die deutsche Fassung inhaltlich manipuliert und umgeschrieben. Dieses Lied ist ein Phänomen. Jeder scheint es kennen, mindestens summen zu können. Als ich mich auf die Suche nach einer CD mit dem Lied machte, konnte ich nichts finden. Ich suchte in den größten Plattenläden von New Orleans bis New York, von London bis Heidelberg - Fehlanzeige. Ich fand immer nur Instrumentalfassungen, u.a. die wundervolle Blues-Mundharmonika Version von Big Walter Horton.

Gerade als ich die Suche aufgegeben wollte, wurde mir erzählt, daß es doch eine Aufnahme von Bill Haley & his Comets gäbe, und eine von Louis Armstrong und eine von Charlie Parker...

In dem Lied geht es um den mexikanischen Revolutionär, Visionär und Volkshelden Pancho Villa, der bekannt für seine roten Augen war. Jeder Mexikaner wußte, woher diese Röte kam: vom maßlosen MarijuanaGenuß. Auch der mitreisende Revolutionsreporter John Reed berichtete davon: Die Revolutionäre hatten oft nichts zum beißen, aber immer was zu kiffen. Ganz das Gegenteil zu der Taktik des Mülltonnen-Generals, dem Gilbert Shelton einen 30-seitigen Comic gewidmet hat, verheizte Pancho Villa seine Soldaten nicht in sinnlosen Kämpfen, sondern war ein behutsamer Stratege.

Zum Lied: Nicht nur das Volk, auch alle Kakerlaken waren auf Seiten der Revolutionäre. Was ihnen fehlte, war genügend Marijuana, um mit den Revolutionstruppen Schritt halten zu können:

La cucaracha, la cucaracha,
Ya no puede caminar:
Porque no tiene, porque no tiene,
Marijuana que fumar.

Schließlich fand ich ein Notenbuch mit der deutschen Tanzkapellen-Übersetzung. In dieser wurde die Marijuana-Zeile schamlos gegen '*... trinken wir vom roten Weine, ja der fährt uns in die Beine*' ausgetauscht. So wird eine Revolution verraten. In der volkstümlichen Fassung hat das Lied Hunderte von Strophen, in vielen davon geht es ums Kiffen.

In der Fassung von Howard *'Louie Bluie'* Armstrong verläßt die Kakerlake zwischenzeitlich die Revolutionsfront und geht auf Nahrungssuche:

The little cockroach, running all up and down my house
The little cockroach, quiet as a mouse
He gets in trouble, snooping here and everywhere
The little cockroach, always keeps my cupboard bare
One day when something was baking
Wondered he what's in the making
'Cause it looked so appetizing
To see the batter slowly rising
To the edge he started skipping
Found himself he was slipping
Into the batter hot & blazin'
Now he's just another raisin.

In der mexikanischen Tradition, oder sollte man sagen, in ähnlichem Dunstkreis, findet sich heute *Lee Scratch Perry*, der große Revolutionär der jamaikanischen ReggaeMusik. Auf einer seiner vielen LPs aus den frühen 90ern findet sich das Lied *'Cockroach Hotel'*, wobei es sich bei diesen Hotels um eine typisch amerikanische Umschreibung der Kakerlaken-Fallen geht. Hier ein Auszug aus seinem KiffGebrabbel, wobei nicht ganz klar ist, ob er von sich, von den Kakerlaken oder von sich als Kakerlake singt:

Good morning music captain
Cockroach Hotel
Wiser than the wise
greater than the greatest
tougher than the toughest
rougher that the roughest

Jamaica scheint ein fruchtbares Pflaster für Kakerlaken zu sein, denn es gibt noch eine Reihe anderer Reggaestücke, in denen sie die Hauptrolle spielen: *Roachmotel* von *Dead Youth* auf der LP *Intense Brutality*, oder auch *Mi Brethren Roach* von *Eek-a-Mouse*, der ebenfalls wundervolle Kiffsongs geschrieben hat. Auch im Blues finden sich noch mehr schabige Lieder, wie *Albert Kings* Song *Cockroach*:

Laying in my arms, where you ought to be,
there's a big cockroach, looking up at me.

Auf einer obskuren CD mit Novelty Songs, zusammengestellt vom legendären Dr. Demento, befindet sich auch das folgende, von Sharon Levinson netterweise transkribierte Lied, gesungen von Rose & The Arrangement:

The Cockroach Who Ate Cinncinnati

I must offer to you a confession
I like movies that give me a fright
If the subject is horror I wonna see morror
Or I won't be contented all night

You may call it my ghoulish obsession
It's a subject on which I get chatty
But the worse one it seems
always haunting my dreams
The cockroach who ate Cinncinnatti

I've seen gouhls & Hobgoblins & witches
and some mopping werewolves with fangs
There were creatures that chattered

& others that clattered
and japanese monsters with fangs
Frankenstein gives me the shakes
Count Dracula 's driving me batty
But they're not on a par with the worst one by far:
The cockroach who ate Cinncinnatti

Oh he must have needed a Selzer
It's amazing how much he gets down
For lunch he'd just chew a suburb or two
And for dinner he ate the whole town
Willard just sent me out laughing
Ben looked a little bit ratty
But they've no half as bad as the worse scare I had
The cockroach who ate Cinncinnatti
Oh my heart nearly stopped
He will never be topped
The cockroach who ate Cinncinnatti

Doch muß man nicht in die Ferne schweifen, um gehaltvolle KakerlakenLieder zu finden. Zusehends machen sich die Sechsbeiner auch in Pop Videos breit: Einen Anfang machte Glommy mit seinen *Banana Pirates*, letzthin wurden Prodigy für ihren cockroachigen DancefloorClip ausgezeichnet ...

Manfred Maurenbrecher hat eine ganze CD mit dem Titel *Kakerlaken* herausgebracht, wenn es auch nur in einem Lied konkret um diese geht:

KAKERLAKEN

Es fing an in Bogota – in einer Wellblechsiedlung am Stadtrand.
Die kleinen Lebewesen, von denen ich erzähle, hatten dort alles erobert,
da war kein Widerstand mehr. Sie waren so viele, es ging so leicht.
Es geschah nicht aus Not, eher aus Wanderlust – jedenfalls: 'Raus', dachten
die Zähesten unter ihnen, und wie auf Kommando zogen sie los, nordöstlich.

Durch den Asphalt ging die Reise,
durch den Stahl und das Glas,
der Sand der Wüsten war Speise,
der Müll der Städte war Spaß.
Spürten nicht Kälte noch Hitze,
fuhren per Flugzeug und Bahn
und machten andauernd Witze,
und nichts hielt sie an –

Kakerlaken
durchfressen die Welt,
Kakerlaken,
bis alles zerfällt.
Kakerlaken,
auch wenn sie's selbst nicht verstehen,
ha'm uns längst in der Tasche,
ihre Welt wird sich drehn.

Man weiß, was mit Mexico-City passiert ist – und L.A., San Fransisco?
Okay, es lief grundsätzlich etwas schief, und die Menschheit hat weißgott
keinen Mangel an Plagen und Schrecken. Aber meine Cousine in New York
City, die schwört, sie sei fünfzehnmal umgezogen, von Loft zu Loft, und:
"Jedesmal mach ich den Müllschlucker auf oder den Schlafanzug meines
Lovers und – man kommt einfach nicht mehr an gegen diese ... Tierchen ..."

Kakerlaken ...

Wenn du sie teilst, sind sie doppelt, wenn du sie brätst, bleibt ein Rest,
mit tausend Giften gemoppelt, für die ist Starkstrom ein Fest, und laues
Wasser am Kühlturm, das finden die einfach nur feucht, spül'n sich ab und
gehn weiter – Ja, dann wird die Welt leicht ...

Reden wir nicht von siffigen Rastafarivierteln in London oder von
Anschwemmlagern frierender Flüchtlinge in Rostock und Bari – gehn wir
direkt ins Zentrum der Festung Europa, in das stocktrockene Brüssel,
wo die Erwählten zu Gast sind, eine Creme unterm Kuppeldach – wo eben
der Präsident einer führenden Industrienation eine Pause gestaltet in
seiner Rede, sein Manuskriptblatt wendet, zurückschreckt, stottert –

Kakerlaken
durchfressen die Welt,
Kakerlaken,
wer hat die bestellt?
Kakerlaken,
auch wenn sie's selbst nicht verstehn –

Sie werden lesen und faxen,
träumen und aufrecht gehn,
sie werden wachsen und wachsen
und sich im Tanze drehn ...

Kakerlaken,
bis alles zerfällt.
Kakerlaken –
ha'm uns längst in der Tasche –
für die ist alles so praktisch,
unsre Welt macht die glücklich
und soll sich lange noch drehen!

- Schaleengesang -

leiden, fülkalendliche Stimmung:

grrrm! dsn, dsn, dsn
grrrr! dsn. dsn. dsn

Hd. Hd. Hd: ts dn dn, ts dn dn,
Hd, Hd, Hd: ts dn dn, ts dn dn,

grrrgrdidi - grrrgrdidi
sss'ebe idi, sss'ebe idi
nürrrrg'ögäsä, nürrrrg'ögäsä
Hd, Hd, Hd: ts dn di, ts dndi
Hd, Hd, Hd: dsn disi, dsn disi

rrrrrsyndé, rrrrsyndé
nürrrrg'ögäsi, nürrrrg'ögäsi!
öbädessini? öbädessini!

dsn, dsn, dsn?
dsn, dsn, dsn?
wisilagzdn'
wisilagzdné
Hd, Hd, Hd
Hd, Hd, Hd
Hd......

In Berlin erregte 1996 Annika Krump, alias *Palma Kunkels Tellermine* mit ihrem Varietéprogramm Aufsehen. *Focus* nennt sie eine 'weibliche Kakerlake'. Im Herbst des selben Jahres erschien auf einer Benefit Doppel CD für die Drogenaufklärer *Eve & Rave* eine Techno-Fassung von *La Cucaracha* von *Padre Terra*.

Die AllroundMusikerin *Dorle Ferber*, vormals Geigerin bei Gruppen wie *Coochise* und *Elster Silberflug* bietet in ihrem wundervollen Soloprogramm 'Zwischen Küche und Urwald' einen Schabengesang, mit original schabigem Text, den sie uns netterweise erklärt:

"Nun habe ich auch nicht einen festen Text in ordentlich verständlichem Deutsch, es ging mehr um den Gesang der Küchenschabe im Bezug zum Geige schaben und die Vielfalt diesbezüglicher Gesänge, mehr ein Lautgesang nach Schabenart auf meiner musikalischen Küchen- und Vorstadtfahrt. Je nach Küche klingt sie verschieden, je nach Zutaten, Kräutern, ob Fisch oder Fleisch oder vegetarisch. Der Gesang der vollwertig ernährten Schabe unterscheidet sich in der Kombination von S- und Z- Lauten nicht unwesentlich von der Straßenrandwürstchenbudenspezies ....

Ich denke, Du weißt was ich meine!" Absolut, wie die Partitur auf nebenstehender Seite beweist!

Original Kakerlaken Musik

Was *Dorle Ferber* wohl nicht wußte ist, daß Kakerlaken wirklich Musik machen. Die original Beetles mit eigenem Beat. Sie reiben zeitweilig Beine und Flügel, offensichtlich nur zum Zweck der Klangerzeugung, aneinander, ähnlich der zirpenden Grillen. Im Prinzip klingt es so, als ob du mit einem Fingernagel auf einem Kamm langfährst. Sie haben kammähnliche Beine, die sie mit ihren Flügeln streifen. Die Flügel vibrieren und werden zu Klangkörpern. Wie die kleinsten Violinen der Welt. Um die Klanghöhe zu modulieren, verändert die Kakerlake die Geschwindigkeit der Flügel. Vor allem die Madeira Schabe setzt diese Klänge im Liebesspiel ein.

Die Auswahl an Klängen geht in die Hunderte, und die Klangfolgen können bis zu drei Minuten dauern, also optimale Single Spieldauer. In Ausnahmefällen werden diese Klänge auch zur Abwehr von Feinden eingesetzt. So mancher Vogel und manche Echse haben ihre Beute schon vor Schreck aus dem Maul fallen lassen, als diese plötzlich überraschende Klänge von sich gab.

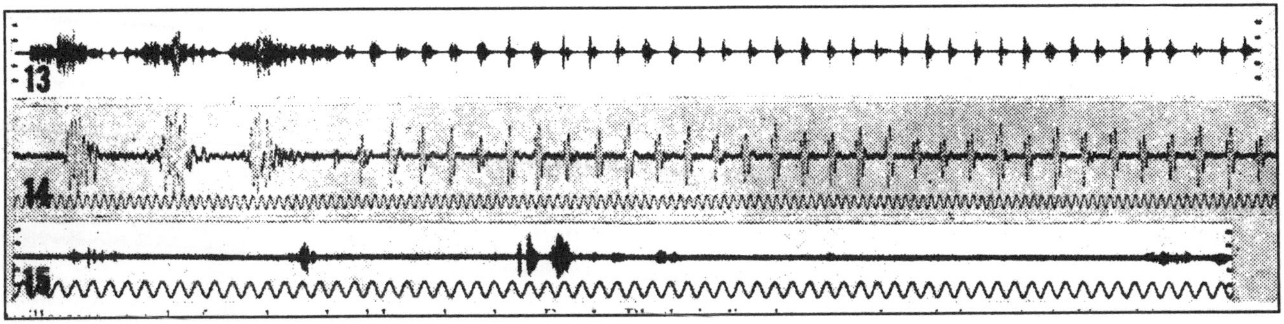

Sonografische Aufzeichnung eines KakerlakenLiedes (von Hartman und Roth).

Kakerlaken in der Literatur

Kafka hat uns nicht verraten, um welches Tier es sich bei seinem 'ungeheueren Ungezziefer' in seiner legendären *Metamorphose* gehandelt hat. Mir wurde diese Story jedenfalls mehrfach als KakerlakenGeschichte untergejubelt. Aber die Putzfrau in der Geschichte schimpft auf einen Mistkäfer, also belassen wir es dabei.

La Cucaracha - oder Die Stunde der Kakerlaken

Er ist ein Schlamper, seine Freundin auch, und die Kakerlaken lieben seine Küche. Aber dann kommt eine neue, absolut saubere Freundin, und wünscht sich eine Einbauküche. Den Kakerlaken ist klar: 'Das wäre unser Ende'. Also versucht man irgendwie (Und wie!! Zum Beispiel tauschen die Schaben nachts das Kokain des Helden gegen Backpulver aus und jener verdächtigt jene Freundin, als beim Sniefen die Nasenscheidewand ade sagt), selbige Freundin rauszuekeln. Ein Krimi. Spannend und humorvoll und aufklärend. Ein Buch von Daniel Evan Weiss.[siehe 4]

Tanz der Kakerlaken

In einem fast verlassenen amerikanischen Dorf leben noch zwei Menschen: Larry, ein Alkoholiker und gescheiterter Dichter, und seine Exgeliebte Sharon. Für die Kakerlaken ist es eine dichtbesiedelte Schabenwelt mit zwei Göttern. Man munkelt, früher habe es einmal mehr Götter gegeben ... Nun, die edlen Kakerlaken beten Göttin Sharon an, während der Kakerlaken-Proll Larry anhimmelt, und sei es wegen der ausgetrunkenen Bierdosen, aus deren Resten sich die Männchen ihren Rausch holen können.

Im Mittelpunkt dieser humorvoll und spannend geschriebenen Kakerlakensaga steht Sam, ein Jüngling, der das Leben noch vor sich hat. Aus seiner Sicht erfahren wir vom Familienleben und der Liebespein der Kakerlaken, vom religiösen Fanatismus der Älteren und den Abenteuern der Jugend, inklusive vieler Infos über das alltägliche Leben der Schaben. Der vergnüglichste aller Kakerlaken-Romane, das ich in dem vorliegenden Werk mehrfach zitiert habe: *Der Tanz der Kakerlaken* von Donald Harrington.[siehe 5.]

Liebeskummer lohnt sich nicht ...

Nicht alle Werke des großen spanischen Poeten Federico Garcia Lorca haben überlebt. Zu den verschollenen Werken gehört, auch nach Aussage seines Biografen Ian Gibson, eine tragische Liebesgeschichte: Eine Kakerlake findet einen verletzten, abgestürzten Schmetterling. Die Kakerlake ist ganz besessen von diesem wunderschönen Wesen und nimmt es mit nach Hause. Die ganze Schabenfamilie päppelt das Flatterwesen wieder auf und eines Tages kann der Schmetterling wieder seine Flügel benutzen und fliegt davon. Zurück bleibt ein gebrochenes Kakerlakenherz, ja, die arme Kakerlake stirbt vor Liebeskummer. Im März 1920 wurde *El Malefico de la Mariposa* in Madrid uraufgeführt. Das Publikum war empört und reagierte lautstark. Lorcas Biograph: "Es war klar, daß Madrid noch nicht weit genug für ein Stück war (und wohl auch nie sein würde), in dem es um den Liebeskummer einer Kakerlake geht."

Kakerlaken im Film

Im Jahr 1989 kam der S.F.-Film *The Nest* in die Kinos. Die Hauptrolle spielten genetisch veränderte Insekten, vor allem mutierte Kakerlaken. Schaben spielen auch in vielen anderen Filmen eine Rolle, so in George Romeros *Creepshow, Victor Victoria, Papillon, Looking for Mr. Goodbar, Indiana Jones and the Temple of Doom*. Auch in Doris Dörres *Paradies* ergeht sich ein Biologe an Labyrinthversuchen mit Kakerlaken.

In Hollywood ist Steven Kutcher für alle Insekten zuständig, die *creepy crawlies* in Filmen. Man nennt ihn den *bug man*. Eigentlich lehrte er Entomologie, aber als er herausfand, daß er mehr damit verdienen kann, Filme mit Kakerlaken und Spinnen auszustatten, als jungen Menschen sein Wissen zu vermitteln, wechselte er ins Film-Geschäft. Manchmal muß er nur Insekten nachbauen, wie in *Jurassic Park*. Bei David Letterman badete er in einer Wanne voll Würmer. In *Arachnophobia* sorgte er durch ein kompliziertes Netz von elektrischen Feldern dafür, daß die Spinnen nicht überall hin liefen.

Er liebt Insekten. Anders als traditionelle Wissenschaftler steht er unter keinem Zwang, publizieren zu müssen. Ihm reicht es, wenn die Tierchen machen, was er von ihnen erwartet. So hat er den Trick raus, Kakerlaken durch die richtige Dosis Kohlendioxyd dazu zu bringen, ein paar Schritte zu laufen, eine dramatische Bewegung zu machen, umzufallen und wie tot liegen zu bleiben. Absolut perfekt für so manchen Commercial. Nach ein paar Minuten ist die Kakerlake wieder bei vollem Bewußtsein und in der Lage, den Trick nochmal durchzuspielen.

Keine Bange, den Tierchen geschieht nichts schlimmes. Darüber wacht in Hollywood die *American Humane Assc.* Sie tauchen überall auf, wo Filme mit Tierbeteiligung gedreht werden. Wird von einem Tier etwas Unnatürliches verlangt, muß dieser Stunt heutzutage computeranimiert werden. Bestätigt Mitarbeiter Jim Moore: "Wenn 10000 Kakerlaken zum Filmset gebracht werden, müssen auch 10000 wieder zurück gebracht werden."

Dieses Problem hatte Hiroaki Yoshida mit seinem Kakerlaken-Klassiker *Twilight of the Cockroaches* nicht. Bei den Hauptdarstellern handelt es sich in der Tat um *Blatella germanicas,* aber um gezeichnete.

Die Story: In diesem Clash zweier unterschiedlicher Kakerlaken-Clans verliebt sich Naomi, eine Schönheit aus dem hedonistischen Lager, in Hans, einen militanten Kämpfer, der das baldige Ende ihrer Welt ahnt und dagegen kämpft. Schlußendlich überlebt nur Naomi, samt ihrem Eierpack, einem Andenken an die kurze Liaison mit Hans.

Nach dem tieferen Sinn dieses Streifen befragt, meinte Regisseur Yoshida: "Jeder interpretiert ihn anders. Einige Amerikaner denken, es handele sich um Juden, Koreaner denken, es wäre über sie, Schwarze beziehen den Inhalt auf sich. Nun, diese Kakerlaken verhalten sich wie blind gegenüber der Weltsituation. Sie leben ein gutes Leben, ohne sich der Geschichte bewußt zu sein. Meine Kakerlaken leben so wie die heutigen Japaner, die vierte Generation seit dem 2. Weltkrieg. Von Gefahren haben sie keine Ahnung, die interessieren sie nicht. Sie glauben, es sei ganz natürlich, zu leben, zu essen, alles zu haben und dauernd feiern zu können. Das ist, für Kakerlaken wie für Japaner, ein gefährlicher Gedanke."

Sex, Bugs & Rock'n'Roll

Der beste Kakerlaken-Film ist in vielen Belangen ***Joe's Apartment***, der erste von MTV produzierte Film. In Deutschland leider nur in Videotheken (und ab 16.10.97 auch als KaufVideo erhältlich). Eigentlich eine Teenie-Klamotte, gewinnt der Film durch die unglaublichen Massenaufmärsche, trickreichen Einmischungen und musikalischen Darbietungen von Tausenden von Kakerlaken. Sie schließen den recht unhygienischen Joe in ihre Herzen und halten sich deshalb nicht dezent im Hintergrund: Sie quasseln und kalauern, stimmen vorzüglich choreografierte Chorgesänge an, steppen für ihn auf der Klobrille, bieten Synchronschwimmen im Klo und liefern eine schier unglaubli-

che Gospelnummer ab, etc. etc. Krabbel-Anarchos blasen zur Attacke. Viele Tausende echte Kakerlaken mußten von Tiertrainer Ray Mendez für die 'Massenszenen' besorgt werden, während Special Effect Profis mit fingergroßen mechanischen Insekten, Slow-Motion-Technik und digitalen Tricks vor allem für die bizarren Tanz- und Revue-Szenen zuständig waren. In Joes Appartment finden einige der groteskesten und ungewöhnlichsten Filmschnitte der Kinogeschichte statt. "Wir brauchten Schaben, die mehr können als nur rumkrabbeln," erklärte der Film-Kakerlaken-Chef Ray Mendez, "Unsere Kakerlaken tragen Cowboyhüte, landen direkt auf Menschennasen und tanzen nach einer hervorragenden Choreographie. Mein Job war es, die Tiere tun und machen zu lassen, was sie allemal immer tun, aber diese Bewegungen dann passend zur Handlung in den Film einzubauen." Den Rest erledigte die Technik.

"Ich halte Kakerlaken für wahre Helden, denn sie sind Überlebende," erzählte Regisseur Payson, "sie tun nichts, außer fressen, Spaß haben und rumhängen. Sie stören eigentlich niemanden. Es hat viel Spaß gemacht, sie als heldenhafte Figuren darzustellen. Das alte Spiel: Nimm Kreaturen, die schon immer verfolgt wurden, und dreh den Spieß um. Dadurch eröffnen sich ungeahnte Möglichkeiten."

Jerry O'Conell, der menschliche Hauptdarsteller, bestand darauf, eine Szene zu drehen, in der er einen Löffel Müsli voller Kakerlaken in den Mund steckt. Er hatte damit keine größeren Probleme: "Ich mußte mich doch richtig auf sie einlassen, da hatte ich keine Wahl. Übrigens kam ich mit den Kakerlaken viel besser aus als mit einigen der Schauspieler." Seine Kollegin Megan Ward litt vor den Dreharbeiten unter einer Käferphobie. "Ich hab die Dreharbeiten als Therapie gesehen. Es hat geholfen, ich habe keine Angst mehr vor Käfern. In der Tat respektiere ich Kakerlaken jetzt, wo ich sie etwas besser kennengelernt habe. Sie sehen nur so potthäßlich aus."

Kakerlagen-Cage

?: Wie war es, für den Film *Vampire's Kiss* eine lebende Kakerlake essen zu müssen?

!: Der Regisseur wollte ursprünglich, daß ich rohe Eier schlürfe. Aber das hatte ich schon in *Rocky* gesehen und ich dachte, es wäre auch logisch, in dieser Situation eine Kakerlake zu verdrücken. Ein Mann, der gerade den Verstand verliert und glaubt, er sei ein Vampir, ist doch zu sowas in der Lage, oder. Natürlich war mir auch klar, daß ich mit so etwas eine vierte Mauer zum Einsturz bringen würde. Leute würden geschockt sein, darüber reden und so vielleicht andere provozieren, in den Film zu gehen...

?: Hat es deine Verdauung durcheinander gebracht?

!: Mein Gott, es war echt schrecklich. Wenn ich nur anfange drüber nachzudenken, wird mir heute noch schlecht (er würgt). Glaub mir, ich werde das nie wieder tun. Aber im Ernst, man muß es ausbaden, wenn man so etwas macht, was man eigentlich nicht tut. Ich habe gelernt, von sowas künftig die Hände zu lassen. Denn ich bin mir nicht sicher, ob ich in alle Zukunft mit dieser KakerlakenSzene identifiziert werden möchte. Inzwischen ist diese Kakerlake Teil meines Lebens. Wo ich auch hinkomme, hab ich eine Kakerlake auf der Hand. Und Elvis in der anderen. Ich laufe permanent mit Elvis und einer Kakerlake rum .... (*Schauspieler Nicolas Cage in einem The Face - Interview)*

Kakerlaken in Comix

Kakerlaken scheinen auch zu den beliebtesten Tieren von ComicZeichnern zu gehören. Kaum ein klassischer Bildergeschichtenzeichner, der sich nicht an den Sechsbeinern geübt hat.

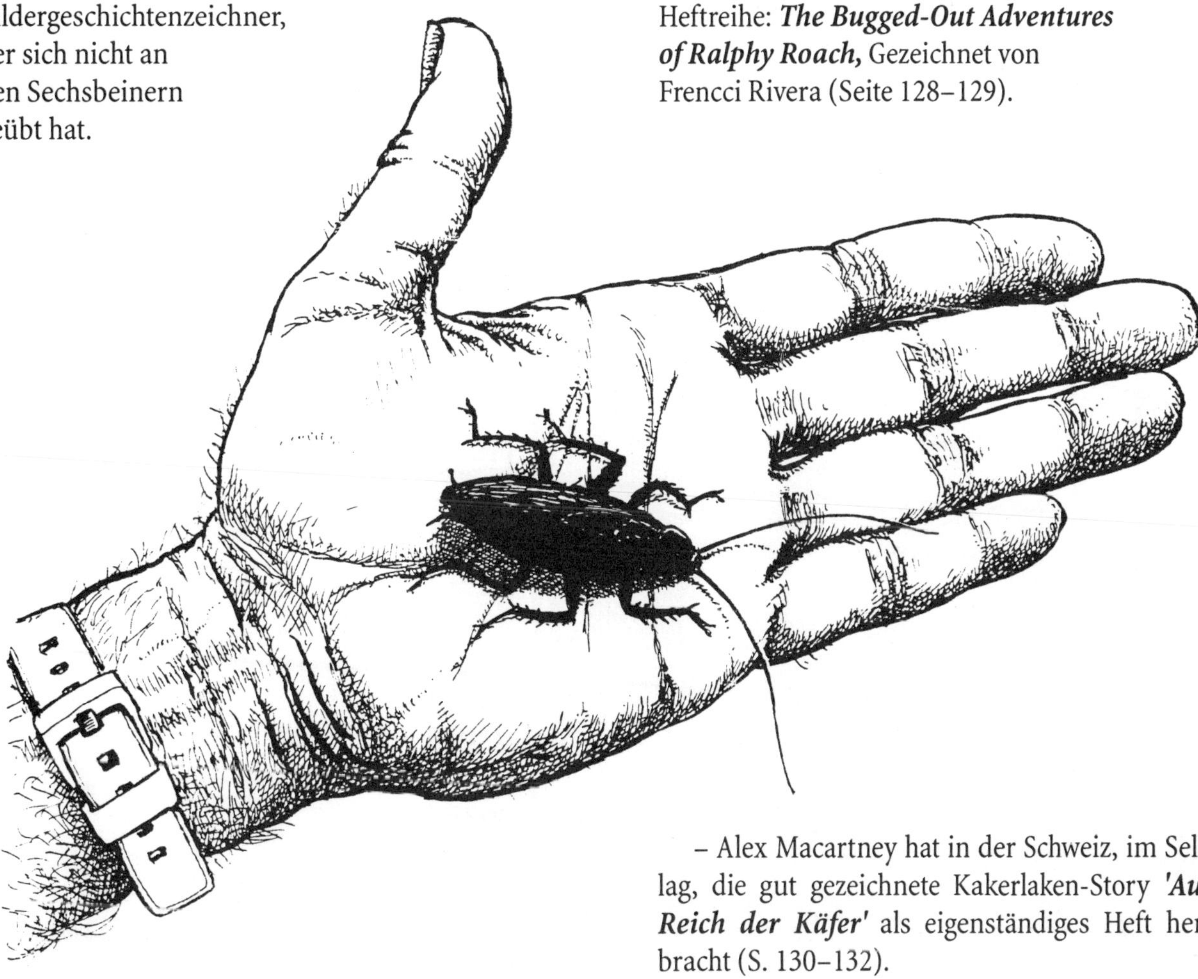

– Am häufigsten tauchen sie in den Geschichten von Gilbert Sheltons ***Fat Freddys Cat,*** auf (Seite 123–125).

– Aus Frankreich kommt ***'Der Kakerlakenkiller'*** von Tardi-Legrand (Edition Moderne, Zürich). Hier treiben Nazi-Kakerlaken ihr Unwesen, verfolgt vom Killer der Firma BLITZ - Exterminator, der schlußendlich durchdreht... (Seite 126–127)

– In den USA erscheint eine spezielle Kakerlaken-Heftreihe: ***The Bugged-Out Adventures of Ralphy Roach,*** Gezeichnet von Frencci Rivera (Seite 128–129).

– Alex Macartney hat in der Schweiz, im Selbstverlag, die gut gezeichnete Kakerlaken-Story ***'Aus dem Reich der Käfer'*** als eigenständiges Heft herausgebracht (S. 130–132).

FAT FREDDY'S
KATER
DER KRIEG DER KÜCHENSCHABEN
©1986 BY GILBERT SHELTON

WIR WERDEN UNAUSSPRECHLICH REICH WERDEN!
YIPPIE!
ABER WIR SIND DOCH LÄNGST UNAUSSPRECHLICH REICH!
KICHER!
NA, DANN WERDEN WIR EBEN ALLE UNAUSSPRECHLICH REICHER!
KREISCH!
ABER WIE WOLLEN SIE PERSÖNLICH DAVON PROFITIEREN, EXZELLENZ?

UND WEHE DER KOMMUNISTISCHEN SCHABE, DIE ES WAGTE, MIT DEM SCHRECKLICHEN GENERALSEKRETÄR DIE FÜHLER ZU KREUZEN!
ABER GENOSSE GENERALSEKRETÄR, ICH HABE IHRE SENDER GEHÖRT UND ALLES, WAS SIE SAGEN, IST: "DOO WAH DOO WAH I LOVE YA BABY LET'S HAVE A COKE AND BUY A CADILLAC YAKKA DAKKA DINGDONG"!
DU WEISST, DASS ES VERBOTEN IST, FEINDSENDER ZU HÖREN! RAUS MIT IHM! STELLT IHN AN DIE WAND!

BALD ABER SOLLTE SICH EINIGES ÄNDERN UNTER DER ANROLLENDEN FLUT VON FLÜCHTLINGEN AUS DEN NACHBARWOHNUNGEN.

KANZLER-KOMMANDANT KARDINAL KOHLKOPF 3D'S WILLKOMMENSGRÜSSE AN DIE NEUANKÖMMLINGE DAUERTE NICHT LANG. ES WAREN MEHR, ALS ER GEDACHT HATTE.
DRÖHN
SCHNATTER
STINK
WAS NUN, CHEF?
DIE ABENTEUER VON FAT FREDDY'S
KATER
COPYRIGHT © 1978 GILBERT SHELTON
KOHLKOPF UND SEINE LEUTE MUSSTEN IHREN ÜPPIGEN KÜCHENTISCH AUFGEBEN.
ERWISCHT, UNGEZIEFER!
ICH KANN DIE SCHMACH NICHT ERTRAGEN, VON EINER MIETZEKATZE GEFANGEN UND GEFOLTERT ZU WERDEN!
ZULETZT HIELTEN SIE NUR NOCH DEN HERD.
DESHALB NEHM ICH JETZT DIES ZYANKALI UND BEGEHE SELBSTMORD!
SCHLUCK!
BIN ICH FROH, DASS ER KEINEN DYNAMITGÜRTEL UM HATTE!
PLUMPS

ALLE BLICKE SCHIENEN AUF MICH GERICHTET. DIESE FRATZEN... SICHER WAR EINER DIESER TYPEN DABEI, WAR MIR GEFOLGT UND WOLLTE MICH HIER ABKNALLEN...
SNACK BAR
COFFEE
LA CUCARACHA LA CUCARACHA YA NO PUEDE CAMINAR
..SOGAR DIE WÜRSTCHEN MACHTEN MIR ANGST...
PORQUE NO TIENE PORQUE LE FALTA MARIJUANA QUE FUMAR
BLITZ
ALS LUIS WIEDER DA WAR, HABE ICH IHN KAUM WIEDERERKANNT VOR ANGST... ER HATTE SICH AUCH UMGEZOGEN...
?
42
STELL DAS AB! ICH HAB' DIE NASE VOLL VON KAKERLAKEN!
CHOUUF
BLITZ

ARGH!
BLITZ
BLITZ
ALS ICH ERWACHTE, WAR ES TAG....
HERMINIO SCHNARCHTE IN DER KÜCHE UND DIE GROSSE PRIESTERIN LAG IN IHREM NEST...

Ralfy Roach: A fearless survivor who won't back down from the dangerous challenges of his environment.

Roxanne Blatella: A female roach who can hang tough and still look pretty.

Coo, Eek, Geevie: Three young roaches known as "springs" (offspring), trying their best to learn the ropes of survival without getting hung!

The Bugged-Out Adventures of

RALFY ROACH

FRÜHER GLAUBTE ICH WIE IHR ALLE AUCH, DASS WAHRE GLÜCKSELIGKEIT KINDERREICHTUM UND EIN FEUCHTES, DUNKLES LOCH BEDEUTETEN...
DOCH JETZT NICHT MEHR!
OFT HABE ICH ÜBER DEN SINN DES LEBENS NACHGEDACHT UND MICH GEFRAGT: IST SO DAS LEBEN? WAR ES DAS? DAS KANN DOCH UNMÖGLICH SCHON ALLES GEWESEN SEIN!!
ICH BIN GEFLOGEN, WIE EINST DIE AHNVÄTER, UND IHR ALLE KÖNNT ES AUCH, DENN AUCH AUF EUREN RÜCKEN SIND FLÜGEL! WOZU SIND SIE GUT, WENN NICHT UM ZU FLIEGEN!?
WIR ALLE KÖNNEN BEFREIT WERDEN, WENN WIR ES NUR WOLLEN! LASST MICH EUCH DEN WEG IN DIE HEIMAT ZEIGEN!
WAS SAGT ER?
DAS VERHEISSENE LAND
ER SAGT, WIR WERDEN WIEDER FLIEGEN
WIEDER FLIEGEN
WIR WERDEN WIEDER FLIEGEN
ERLÖSER
HEILSBRINGER
DER MESSIAS
DIE HEIMAT
FÜHRT UNS HEIM
DER VERKÜNDER
INS GELOBTE LAND

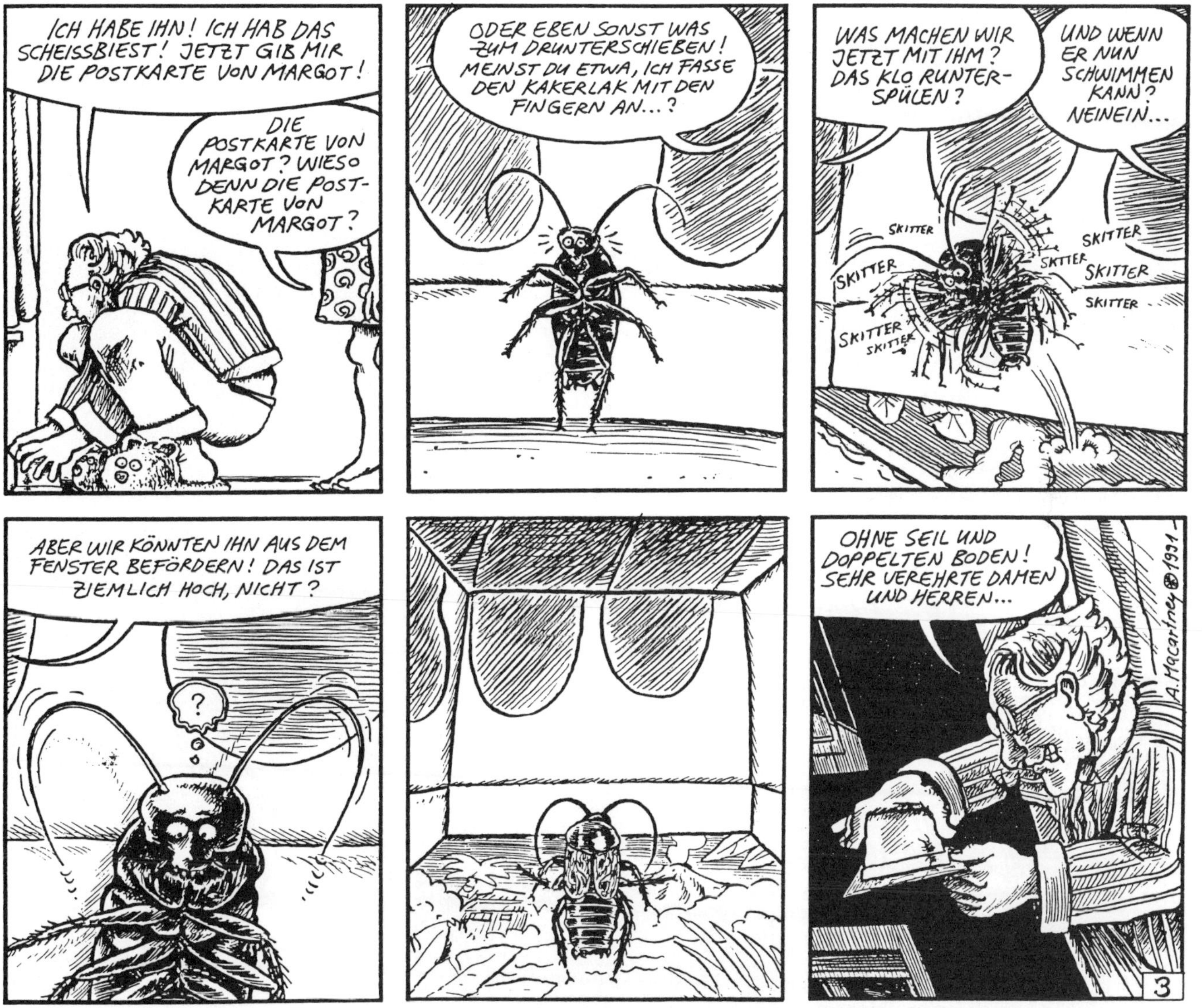
ICH HABE IHN! ICH HAB DAS SCHEISSBIEST! JETZT GIB MIR DIE POSTKARTE VON MARGOT!
DIE POSTKARTE VON MARGOT? WIESO DENN DIE POSTKARTE VON MARGOT?
ODER EBEN SONST WAS ZUM DRUNTERSCHIEBEN! MEINST DU ETWA, ICH FASSE DEN KAKERLAK MIT DEN FINGERN AN...?
WAS MACHEN WIR JETZT MIT IHM? DAS KLO RUNTERSPÜLEN?
UND WENN ER NUN SCHWIMMEN KANN? NEINEIN...
SKITTER
SKITTER
SKITTER
SKITTER
SKITTER
SKITTER
SKITTER
SKITTER
ABER WIR KÖNNTEN IHN AUS DEM FENSTER BEFÖRDERN! DAS IST ZIEMLICH HOCH, NICHT?
?
OHNE SEIL UND DOPPELTEN BODEN! SEHR VEREHRTE DAMEN UND HERREN...
A. Macartney © 1991
3

DAS FEUER! JETZT!! AUF!
(KLIK)
SKITTER
(SCHLUCK)
KRACH!
AAAAG!
JUPI!
BEFREIE UNS
BEFREIE UNS
BEFREIE UNS
BEFREIE UNS
EAAG! AAG

Good ol' Archy

Die wohl weitbekannteste Kakerlake ist sicherlich *Archy*. Gezeichnet von George Herriman, der später durch *Krazy Kat* berühmt wurde, eroberte Archy ab 1927 die Zeitungsleser der USA. *Archy und Mehitabel* waren eine gereimte Fortsetzungsreihe, die von zahlreichen US-Zeitungen viele Jahre hindurch abgedruckt wurde. Don Marquis erzählt, wie alles anfing:

"Es geschah im Büro der *New York Sun*. Eines Morgens kam ich früher als sonst in die Redaktion und erwischte einen gigantischen Kakerlak, wie er auf der Tastatur meiner Schreibmaschine rumhüpfte. Er fühlte sich unbeobachtet, während er immer wieder auf den oberen Rand der Maschine krabbelte und dann mit dem Kopf voran auf eine der Buchstabentasten hechtete. Die Aufprallwucht reichte so gerade, jeweils einen Buchstaben auszudrucken. Die Großbuchstaben ersparte er sich, war es doch schon schwierig genug, die Rücktaste der Maschine zu bewegen, damit er immer wieder ein neue Zeile beginnen konnte. Auch meinen Kollegen war noch nie ein so fleißiger Kakerlak begegnet. Eine Stunde sprang er auf die Tasten, bis er erschöpft auf den Boden fiel. Er verkroch sich in seinem Nest oder sonstwo, während ich mich beglückwünschte, am Abend zuvor ein weißes Blatt in die Maschine eingespannt zu haben. Hier zwei Beispiele der Schreibkunst des schabigen Poeten Archy:

many a
cockroach believes
himself as beautiful
as a butterfly
have a heart, o
have a heart and
let them dream on.

i am going to start
a revolution
i saw a kitchen
worker hunting
pretty little cockroaches
down to death
it set my blood to
boiling
i thought of all
the massacres and slaugther
of persecuted insect
at the hands of cruel humans
and i cried
aloud to heaven
and i knelt
on all six legs
and vowed a vow
of venegance
i shall organize the insects
i shall drill them
i shall lead them
i shall fling a billion
times a billion billion
risen insects in an army
at the throats
of all you humans
unless you sign the papers
for a damn site better treatment....."

Kakerlaken in der Bildenden Kunst

Maria Sibylla Merian packte 1699 ihre Siebensachen samt ihrer jüngsten Tochter und segelte nach Surinam, einer holländischen Kolonie an der nordöstlichen Küste Südamerikas. Dort studierte sie die Fauna und Flora und malte sie mit Wasserfarben. Diese Zeichnungen wurden 1705 publiziert. Tafel II zeigt die Amerikanische und die Deutsche Kakerlake in verschiedenen Entwicklungsstufen auf einer wilden Ananaspflanze herumkreuchen & fleuchen. Maria starb nur kurz drauf in armen Verhältnissen, während ihre Zeichnungen von Zar Peter dem Großen und dem Britischen Museum aufgekauft wurden.

Zu den Künstlern, die sich mit Kakerlaken abgaben gehört auch der Philipino Manuel Ocampo, der diese Tiere auf großen Bildern mit Symbolen der spanischen Kolonialherren und der katholischen Kirche in Eintracht abbildet.

Am bekanntesten unter den Kakerlaken-Künstlern ist wohl Richard Boscarino, der die sogenannte *Roach-Art* erfand. Er konserviert tote Kakerlaken und plaziert sie in lebensechte Szenarien wie einem Schönheitssalon, einem Klo, einer Kaufhaus-Verkaufstheke, einer Kegelbahn, einer Nachstellung des 'Letzten Abendmahles', etc. Seine kleinen Dioramas erzielen zwischen $500 und $900 und haben auch schon eine Postkartenserie inspiriert.

Außerdem arbeitet er Kakerlaken auch in Schmuck ein. Er bezieht seine Kreaturen in totem Zustand von einem kommerziellen Kakerlaken-Händler, der ansonsten Laboratorien und Zoos beliefert. Sein Kollege Webb, von dem der wundervolle RoachRoach stammt, sammelt seine Tiere selber wöchentlich in einem Knast auf. Er sprüht sie zur besseren Verarbeitung mit einem Polymer ein.

Quellen

Kakerlaken Literatur Liste

Die Reihenfolge der Nummern entspricht nicht dem Vorkommen im Text, sondern deckt sich mit den hochgestellten Fußnotenziffern in selbigem.

Die **fett** ausgedruckten Bücher sind die empfehlenswertesten.

1. Bell, William: The American Cockroach, Chapman & Hall, New York
2. Whitehouse, Dissection
3. Wigglesworth, V.B.: The Life of Insects, A Metor Book, New American Library
4. **Weiss, Daniel Evan: La Cucaracha oder Die Stunde der Kakerlaken, Goldmann Vlg.** *(Spannender Kakerlaken Krimi mit witzig brutaler Kokain Szene)*
5. **Harrington, Donald: Tanz der Kakerlaken, Eichborn/rororo** *Das informativste aller nicht-Sach-Bücher zum Thema, und das vergnüglichste Kakerlakenbuch schlechthin. Siehe auch Rezension in diesem Buch.*
6. Parasitologische Gesellschaft der DDR: Angewandte Parasitologie, Heft 2, Mai 1990, G. Fischer Vlg., Jena; hier: R. Klunker: Zum Auftreten der Insektizidresistenz bei *Blatella germanica* in der DDR
7. **Comby, Bruno: Köstliche Insekten, Die Proteine der Zukunft, Eichborn**
8. Bölsche, Wilhelm: Der Termitenstaat, Kosmos, Frank'sche Verlagsbuchhandlung, Stgt.
9. **Reman, Micky: Der Globaltrottel, Der Grüne Zweig 177**
10. Ein obskurer Museumsführer durch die USA
11. Mehrhorn, Heinz & Birgit: Zecken, Milben, Fliegen, Schaben - Schach dem Ungeziefer, Springer Vlg.
12. Froman, Robert: Our Fellow Immigrants, David McKay Comp., New York
13. **Harris, Marvin: The sacred cow & the abominable pig, Riddles of food and culture; A Touchdown Book by Simon & Schuster, New York, 1985**
14. Sachs & Kapp: Ungebetene Hausgäste, Sachs Vlg, Roßdorf
15. Wezel, Johann Karl: Kakerlak oder Geschichte eines Rosenkreuzers aus dem vorigen Jahrhundert
16. Evan, Richard E.: Das Trillionenvolk, G. Lübbe Vlg.
17. Grzimeks Tierleben, dtv
18. Weber, Hermann: Grundriß der Insektenkunde, G. Fischer Vlg., Stgt.
19. Marcard, Ungeziefer im Haushalt
20. Wolkomir, Richard: Schreck in der Abendstunde, in: Geo
21. CoEvolution Quarterly, ca. 1974
22. Time/Life, Insects & Spiders
23. Imms, A. D., A General Textbook on Entomythology, Methuen & Co, London
24. Cummins, Kenneth: Experimental Entomythology, Reinhold Publ. N.Y.
25. Eidmann, Hermann: Lehrbuch der Entomologie, Paul Parey Vlg., Berlin
26. Rockstein, Morris: The Physiology of Insecta, Academie Press, New York
27. Jamieson, Barrie: The Ultrastructure and Phylogeny of Insect Spermatozea, Cambridge University Press
28. Frisch, Karl von: 10 kleine Hausgenossen, Kosmos, Frank'sche Verlagshandlung, Stgt.
29. Burgess, N.R.H.: The Cockroach, A Hazard to health, British Pest Control Conference, Straford

30. Cornwell, P.B.: The Cockroach Vol 1, Hutchinson of London
31. Cornwell, P.B.: The Cockroach Vol 2, Assocated Business Prog., London,
32. Willner: What does a headless cockroach.... Animal Learning
33. Löbsack, Theo: Das unheimliche Heer - Insekten erobern die Erde, Umschau Vlg, Ffm
34. Guthrie & Tindall: The Biology of the Cockroach, Ed Arnold Publ.
35. **Wille, Johannes: Biologie & Bekämpfung der deutschen Schabe, Paul Parey, Berlin.** *Das informativste Buch über das Leben der Schaben.*
36. Brettschneider; in Jenaische Zeischrift: Mehlwürmergehirne etc... G. Fischer Vlg., 1914
37. Rounds: A lunar rhythm
38. Bohn, Horst in: Zoologischer Anzeiger, Akademische Verlagsgesellschaft, Leipzig 1967
39. Nature 1930
40. Frickhinger, H.W.: Anzeiger für Schädlingskunde, Paul Parey, Berlin, 1952
41. Haber: Cockroach Pest, in The University of Minnesota, Dec 1918
42. Penzlin: Regeneration von Schaben, in: W. Roux Archiv für Entwicklungsmechanik der Organismen, Organ für die gesamte kausale Morphologie, Springer Vlg., 1960
43. Schimitschek, Erwin: Einfluß von Siedlung, Wirtschaft und geistigen Strömungen auf Massenauftreten von Insekten, Vandenhoeck & Ruprecht, Göttingen, 1964
44. **Rust, Owens, Reierson: Understanding and Controlling the German Cockroach, Oxford University Press, 1995**
45. DSV Sicherheitsinstruktionen
46. **Berenbaum, Mary R.: Bugs in the system, Insects and their impact on human affairs, Addison-Wesley, 1995,** Dieses Buch ist nach Redaktionsschluß auch auf Deutsch erschienen: 'Blutsauger, Staatsgründer, Seidenfabrikanten - Die zweispältige Beziehung von Mensch und Insekt'; Spektrum Akademischer Vlg., 1997
47. Quammen, David: Natural acts, A sidelong view of science and nature, Avon Books, New York
48. **Gordon, Davic George: The Compleat Cockroach, A Comprehensive Guide To the Most Despised (and least understood) Creature on Earth, Ten Speed Press, Berkeley, 1996.** *Das beste (aller nicht wissenschaftlichen) Kakerlaken-Bücher bis auf das vorliegende. Ich hätte meines nicht geschrieben, hätte Gordon seines schon vor drei Jahren auf dem Markt gehabt. So bin ich dankbar für diesen Ansporn, meines noch besser zu machen.*

Die anregendste und ergiebigste Quelle war, vor allem auf dem naturwissenschaftlichen Gebiet, die englische Wissenschaftszeitschrift *New Scientist*.

Im Internet:

- **Blattodea Culture Group home page** http://www.ex.ac.uk./-gjlramel/bcg.html
- **Liberty Science Center, New Jersey, the 'yuckiest site in the Internet':** http://www.nj.com/yucky/roaches/index.html

Zugaben

The Cockroach Hall Of Fame

Amis spinnen. Der Marktführer für Kakerlaken-Vernichtungsmittel in den USA, die Fa. Combat (sick!) hat einen Preis von $50.000 für die größte Schabe der Welt ausgesetzt. Patriotisch, wie sie nun mal sind, akzeptieren sie aber nur Exemplare der Spezie *Blatella Americana*, weder die Deutsche Kaklerlake noch andere Kakerlaken werden in diesem rassistischen Wettbewerb anerkannt. Die Madagaskarschabe würde ihn allemal gewinnen, doch ...

Michael Bohdan, Gründer der Fa. Combat Roach Control, besitzt einen Laden in Texas. "Everything's biggest in Texas, so why not have the world's best cockroach collection?". Texaner hassen Creepy Crawleys, aber wo es um Dollars geht, werden sie zu Fanatikern.

Jedes Jahr wird die größte Schabe des Jahres gekürt. Teilnehmer müssen allerdings tot sein. Nur eine tote Schabe ist eine gute Schabe. Der Jahressieger bekommt $1000 und ein Jahresarsenal an Cockroach-Hotels und anderen Vernichtungsmitteln. Die bislang größte war 2.09 inches groß, wer eine größere abliefert, bekommt den Jackpot von 50 Mille.

In seinem Pest-Control Laden bietet Michael auch eine spezielle 'KunstAusstellung' *The Cockroach Hall Of Fame*. Verkleidete Roaches, von Roach Perot über Marilyn MonRoach (komplett mit blonden Haaren, weißem Kleid und Stöckelschuhen) und BatRoach hin bis zu Elvis Roachley in seiner fetten Phase.

Cockroach Hall Of Fame,
2231-B West Fifteenth Street, Plano, TX 75075, USA

Die Königin der Kakerlaken

Die Kakerlake, ursprünglich ein Tropenbewohner, ist nach einer Formulierung der *Encyclopaedia Britannica* längst zum „Kosmopolitan" geworden. Vor allem die deutsche Unterart des Ungeziefers (blatella germanica) folgte dem Menschen bis in hohe Breitengrade. Küchenschaben gehören zu den primitivsten aber auch zu den ältesten Insektenarten. Sie waren lange vor dem Dinosaurier auf der Welt und werden, davon sind viele Biologen überzeugt, auch den Homo sapiens überleben. Die meisten Menschen ekeln sich vor den dunkelbrauen Vorratsschädlingen mit dem unangenehmen Eigengeruch, aber es gibt auch regelrechte Schaben-Fans. So veranstalten die US-Amerikaner jedes Jahr ein großes Kakerlaken-Derby.

Die größten Kakerlaken-Liebhaber aber sind die Japaner. Soeben wurde dort, nach einem langen, das gesamte Inselreich umspannenden Wettbewerb, ein 5,4 Zentimeter langes Exemplar zur Königin aller Kakerlaken-Gattungen dieses Jahrhunderts gewählt. Die Preisverleihung war ein glanzvolles Ereignis im Kongreßzentrum Ikebukuro Sunshine City. Tokios Zeitungen berichteten ausführlich. Die 31jährige Hausfrau Takako Sunagawa wurde mit einer Belohnung von 100.000 Yen (1.110 D-Mark) ausgezeichnet.

Schon nach einer ersten Messung stellte sie fest, daß sie gute Chancen auf einen Rekord haben müsse: Im letzten Jahr hatte eine braune Schönheit gewonnen, die nur 4,5 Zentimeter lang war. Die Experten, die normalerweise für einen Insektenvernichtungsmittelhersteller arbeiten, hatten 334 eingesandte Schaben zu messen und kriminalistisch zu untersuchen. Immer wieder versuchen nämlich verbrecherische Spaßvögel aus mehreren Tierchen mit Hilfe von Skalpell und Klebstoff eine rekordbringende Superschabe zu basteln. Die siegreiche „Gokiburi", wie die Schabe in Nippon genannt wird, erwies sich zweifelsfrei als echt. Sie wurde eindeutige Siegerin und qualifizierte sich damit für den „International Cockroach Contest". Deutsche Kakerlaken hätten in Japan nicht die Spur einer Chance. Im Vergleich zu den kraftvollen, lederartig glänzenden japanischen Exemplaren werden ihre deutschen Vettern von Experten mit unverholener Herablassung als „klein und blaß" beschrieben.

Karl Wegmann

Bug blackmail scam denied

Labourer cleared over cockroach in a bottle

MAGDALEN CHOW

A construction worker was cleared yesterday of attempting to blackmail Swire Coca-Cola for $500,000 after he bought a bottle of water containing a dead cockroach.

Judge Bernard Whaley ruled the prosecution had not proved Lau Siu-shan, 23, had made an unwarranted demand from the company with menace. He said the defendant's threat to divulge the cockroach incident to the press did not constitute a menace to the company.

"What the defendant and his companions were doing was trying their luck to see what they might have been able to get out of the company," Judge Whaley said.

He said the $500,000 demand should be properly interpreted as a "negotiating figure". Outside the court, Mr Lau said he would keep the bottle as a souvenir.

The District Court heard that last August 7, Mr Lau called Swire Coca-Cola and complained he had bought a bottle of Bonaqua mineral water containing a cockroach.

The next day, the defendant and two friends went to the company's office in Sha Tin with the bottle containing a cockroach in two pieces. Mr Lau allegedly demanded $500,000 as compensation, the court heard.

They warned they would go to the press if the company did not reply by noon the next day. Mr Lau gave his pager number to staff.

The company contacted police and arranged another meeting with the defendant and he was arrested. Tests showed the cockroach was in the bottle before the cap was sealed, the court heard.

Bugnaps

DO cockroaches catnap? It depends who you ask—or rather, how you define sleep. For some researchers, slow and rhythmic brainwave activity is the only sure indicator of sleep. Since insects have little in the way of a brain, much less slow-wave activity, they must by definition be sleepless.

But cockroaches and bees will sink into a state that has all the other hallmarks of sleep. They become oblivious to gentle stimuli. Their postural muscles relax and their antennae droop. And if forcibly aroused every time they drop off, the insects need a longer period of "sleep" afterwards to make up for the loss.

WERNER PIEPER

DAS SCHEISSBUCH

ENTSTEHUNG, NUTZUNG UND ENTSORGUNG MENSCHLICHER FÄKALIEN

DER GRÜNE ZWEIG 123

"Das einzige und definitive Pendant zu Legionen von Kochbüchern." *taz*
"Fundierte und fröhliche Fäkalien Bibel" *mid Nachrichten*
"Würden Sie ein Scheiß-Buch lesen? Natürlich nicht. Sollten Sie aber." *Profil, Österreich*
"Pionierdienste!" *Tip*
"Standardwerk der Scatologie." *Baseler Zeitung*
"Kuriose und kunstreiche AA-Fibel ... Piepers tabusprengende Enzyklopädie läßt keine Frage unbeantwortet ..." *Stern*
Durch seinen legendären TV-Auftritt bei 'So Isses!' gelang es dem Autor, aus 'Scheiße' Gold zu machen. Einer unserer Bestseller.

250 Seiten, reichhaltig illustriert, Format 22,5 cm², ISBN 3-925817-23-9, 28 DM

ROLAND RANKE-RIPPCHEN

DAS BÖSE BIBEL BUCH

SEX, DROGEN & HORRORSTORYS

DER GRÜNE ZWEIG 145

"Ein Bibel-Konzentrat, wie man es schon immer lesen wollte ... nebenher liefert Rippchens Anti-Bibel die Überschrift des Jahres: "Masturbierte Onan nie?" *Der Spiegel 39/91*
"Gäbe es sie noch, die Inquisition – sie würde erbarmungslos nach Autor Roland Ranke-Rippchen und Verleger Werner Pieper fahnden und dessen Verlag 'Medienexperimente' samt Inhalt auf dem Scheiterhaufen verbrennen. 'Das böse Bibel Buch' ist ein heiteres, ironisches, nachdenklich stimmendes, locker lesbares Schwarzbuch zum Buch der Bücher. Was uns der 'Herrgott' und seine alttestamentarischen Getreuen so alles zu Themen wie Inzucht, Homosexualität, Abtreibung, Frauenraub, Onanie, Vergewaltigung, Sodomie, Drogen und Prostitution zu sagen haben, ist sowohl für Spirituelle, als auch für eingefleischte Materialisten ein 'Aha'-Erlebnis ..." *R. Schweidlenka, Alternativ Magazin*

140 Seiten, Format 20 cm² ISBN 3-925817-45-X, 20 DM

HEATHCOTE WILLIAMS & WERNER PIEPER (HRSG.)

AUS DEN VORHAUT AKTEN

DER GRÜNE ZWEIG 128

Es ist zum aus der Vorhaut fahren! Einem Sechstel der männlichen Weltbevölkerung fehlt die Vorhaut: Abgeschnitten, meist gleich nach der Geburt. In den USA sind 90% aller Männer beschnitten. Bei den Juden wird nach der Geburt beschnitten, bei den Mohammedanern mit acht, im Jemen kurz vor der Hochzeit. Warum, weshalb und wieso? "Williams' emphatischer Text und das angefügte Material zur Theorie und Praxis der Enthauptung des Mannes zeigen, daß es tatsächlich keinen vernünftigen Grund zu geben scheint, Mutter Natur ausgerechnet an der für ihre eigene Hervorbringung wichtigsten Stelle zu korrigieren." *taz*

100 Seiten, Format 20 cm², ISBN 3-925817-28-X, 15 DM

WERNER PIEPER

ENE MENE MOPEL – DIE NASE UND DER POPEL

HANDBUCH FÜR NASENBOHRERINNEN

DER GRÜNE ZWEIG 139

Fast jede/r popelt lustvoll, aber keine/r redet darüber. Das Sprechen über Tabus und das Wissen über deren Hintergründe befreit. In der Nase bohren auch. Werner Pieper hat eine Nase für sanfte Tabus. Für dieses Buch zog er so manchen Info-Popel aus NasenUsern und der Fachliteratur:

- Das Werk Nase: Anatomie, Atmung & Geruch
- Proklamation einer abseitigen Organlust
- Erlebnisberichte & Popeltechniken: Nasi Bohring
- Nase & Drogen: Erleuchtung oder Scheidewand ade?
- Das Niesen – der kleine Orgasmus
- Nasa Brahma: Eso Popel/Zugang zu höheren Welten
- Die naso-genitale Connection
- Verstümmelung & Schönheitsoperationen
- Zum Phänomen des Verzehrs körpereigener Produkte (& Geschmackstest!)

180 Seiten, Format 20 cm², ISBN 3-925817-39-5, 20 DM

In der Reihe "Unter der Gürtellinie präsentiert Der Grüne Zweig Schriften, in denen es um die Befreiung überholter Tabus geht.

RENATE WASCHEK

DIESES KLEINE STÜCK WATTE ...

WERBUNG UND TABU AM BEISPIEL DER WERBUNG FÜR BINDEN & TAMPONS

DER GRÜNE ZWEIG 194 – EDITION UNTER DER GÜRTELLINIE

Schonmal gestutzt, als bei einer Binden- Werbung im TV blaue statt roter Flüssigkeit zur Demonstration benutzt wurde? Blut wird nie erwähnt, nur eine nicht weiter definierte 'Sauberkeit' und 'Sicherheit'. Am Beispiel '... dieses kleinen Stücks Watte' wird die Gratwanderung der Medien & Werbung zwischen herrschender Moral (dem guten Geschmack) und der Moderne aufgezeigt.
Die Tabu-Thematik wird am Beispiel der Menstruation dargestellt, vor allem aus sprachwissenschaftlicher Richtung. Die Problematik des Tabu-Begriffs allgemein und die Etymologie des Begriffes werden erläutert: Eigene Tabus und die Tabus 'der anderen'.
Tabus beeinflussen die Sprache, unterstützen Macht, lösen Scham und Peinlichkeit aus und vermitteln in bestimmten gesellschaftlichen Bereichen Sicherheit.
Anregend, illustriert, lehrreich und spannend.

128 Seiten, ISBN 3-925817-94-8, 15 DM

WERNER PIEPER HRSG.

WILLKOMMEN !

DAS HANDBUCH FÜR MULTI-KULTURELLE GASTFREUNDSCHAFT

DER GRÜNE ZWEIG 166

"Ist es aber nicht seltsam, daß wir oft von den Urlaubsländern unserer Ausländer schwärmen, auf der anderen Seite jedoch deren Existenz im eigenen Land, ein paar Häuser weiter, ignorieren?" *Haris Katsoulis*
Willkommene Komplimente zu diesem Buch:
"Ein Volltreffer!" *B. John,Berliner Ausländerbeauftragte*
"Wer vom bloßen Anti-Ausländerfeind zum aktiven Fremdenfreund mutieren möchte, dem kann dieses Buch jetzt zur Seite stehen. Gastgeber Werner Pieper hat in diesem Ethno-Knigge alles zusammengestellt, was es für potentielle Fremdenfreunde zu beachten gilt." *die tageszeitung*
Das anregende Handbuch offeriert:
· Berichte über lebendige Gastfreundschaft aus aller Welt.
· Kein Rezeptbuch mit Standardlösungen von A–Z, sondern Fakten und Erfahrungen.
· Versuche des Verstehens und der Sensibilisierung.
Wie begrüßt man sich? Händeschüttelnd? Umarmend? Was kann man wem zum Essen vorsetzen? Wann ist z. B. Ramadan? Welche Tabus könnte man unbewußt verletzen? Wer feiert wann seine großen religiösen, kulturellen und nationalen Feste? Was heißt Danke & Bitte in der jeweiligen Sprache? Gilt es, auf bestimmte Gebärden zu achten? Was schenkt man wem?
Zu den Autoren gehören Richard Majchrzak, Achmed Khammas, Ludmilla Tüting, Molto Menz, Roman Schweidlenka, Werner Pieper, Jean Trouillet, Micky Remann u.v.a.m.

Illustriert mit Fotos aus der Sammlung "Kinder spielen mit der Erde", 216 Seiten in Format 20 cm², ISBN 3-925817-66-2, 25 DM

SIGRID STANDOW HRSG.

80 JAHRE ERNEST BORNEMAN

EIN LÜDERLICHES LEBEN

PORTRAIT EINES UNANGEPASSTEN

DER GRÜNE ZWEIG 179

Borneman, vor allem in seiner Rolle als Sexualforscher bekannt, hat in seinem arbeitsreichen Leben unterschiedliche Beschäftigungen und Berufe ausgeübt: jugendlicher Mitarbeiter von Wilhelm Reich in Berlin, Student bei Bronislaw Malinowski, Journalist, Jazzmusiker und Rallye-Fahrer in England, Autor von fünf Romanen und fünf Bühnenstücken in englischer Sprache, Mitarbeiter von MELODY MAKER und DOWN BEAT, Produzent, Regisseur & Kameramann zahlreicher Dokumentarfilme in Kanada, Szenarist für Orson Welles, Chef des Adenauer Fernsehens (Vorläufer des ZDF) in Deutschland, Chef der UNESCO Filmabteilung in Paris, Gast zahlloser Hörfunk- und Fernsehsendungen in ganz Europa.
Der Sachbuch-Autor Borneman machte sich vor allem durch *Das Patriarchat, das Lexikon der Liebe*, viele Medienauftritte und Zeitschriftenbeiträge einen Namen.
In dieser Anti-Festschrift kommen auch seine Kritiker zu Wort. Sie wurde zu einem Danke-schön und Abschiedsgruß an Ernest Borneman, der sein Leben, kurz nach seinem 80. Geburtstag, eigenhändig beendete.

432 Seiten mit 17 Fotos aus allen Lebensjahrzehnten, fadengeheftet, ISBN 3-925817-79-4, 35 DM